BPMN

Guía de Referencia y Modelado

Este libro ha sido traducido desde su versión original en Inglés por un un equipo de profesionales con más de 10 años de experiencia en la implantación de soluciones de BPM en organizaciones hispanoparlantes, vinculados a la Universidad Católica del Uruguay y a la empresa INTEGRADOC.

En la Universidad Católica del Uruguay (www.ucu.edu.uy) funciona el Grupo de Trabajo en Gestión de Procesos de Negocios (BPM & Workflow), en el marco de la Facultad de Ingeniería y Tecnologías.

La empresa INTEGRADOC (www.integradoc.com) se especializa en soluciones de BPM optimizadas para procesos de negocios que involucran un tratamiento intensivo de documentos con soporte digital o en papels.

Dr. Ing. Juan J. Moreno.
Líder del Grupo de Gestión de Procesos de Negocios - Universidad Católica del Uruguay.
Director - INTEGRADOC.

Ing. Erik Koleszar.
Universidad Católica del Uruguay.
Arquitecto de Software - INTEGRADOC.

Ing. Martín Sorondo.
Universidad Católica del Uruguay.

Lic. Martín Palatnik.
Universidad Católica del Uruguay.

Lic. Cristian Mastrantono.
Universidad Católica del Uruguay.

A/I. Martín Fros.
Universidad Católica del Uruguay.
Desarrollador de Software Senior - INTEGRADOC.

BPMN

Guía de Referencia y Modelado

COMPRENDIENDO Y UTILIZANDO BPMN

Desarrolle representaciones gráficas de procesos de negocios, que sean rigurosas pero al mismo tiempo de fácil comprensión.

STEPHEN A. WHITE, PHD
DEREK MIERS

Future Strategies Inc.
Lighthouse Point, Florida, USA

BPMN Guía de Referencia y Modelado
Comprendiendo y utilizando BPMN

ISBN13: 9781453615553
Edición de español

Publicado por Future Strategies Inc., Book Division

3640 B3 North Federal Highway, #421,
Lighthouse Point, FL 33064 USA
954.782.3376 / 954.719 3746 fax
www.FutStrat.com — books@FutStrat.com
Tapa: Hara Allison www.smallagencybigideas.com

Datos del Publicador

ISBN: 9781453615553

BPMN Guía de Referencia y Modelado. Comprendiendo y utilizando BPMN
/Stephen A. White, PhD., Derek Miers
p. cm.

Incluye referencias bibliográficas y apéndices.
1. Gestión de Procesos de Negocios. 2. Modelado de Procesos. 3. Arquitectura Empresarial. 4. Estándar de Notación. 5. Flujos de Trabajo (Workflow). 6. Análisis de Procesos
White, Stephen A.; Miers, Derek

Tabla de Contenidos

CAPÍTULO 7. ACTIVIDADES   62

CAPÍTULO 8. EVENTOS   80

Prólogo

Richard Mark Soley, Ph.D.

Presidente y CEO
Object Management Group, Inc.
Julio de 2008

¡Más barato por docena! ¿Qué clase de alocada pareja planificaría cuidadosamente que su familia tuviera una docena de niños, solamente porque su estudio detallado de la crianza ha calculado que una familia con doce niños es optima? Sólo un hombre y una mujer tan profundamente inmersos en estudios de productividad, que su vida entera haya girado en torno a la optimización. Si bien la familia de Frank y Lillian Gilbreth se ha inmortalizado en la pantalla gigante, los efectos deshumanizantes del enfoque de personas como engranajes de la máquina también ha encontrado su lugar bajo las luces de Klieg, principalmente representados en la comedia negra de Charlie Chaplin "Tiempos modernos".

Evidentemente la optimización de los procesos de negocio no es una idea particularmente nueva. La Revolución Industrial, especialmente a fines del siglo XIX, centró su atención en la sistematización del negocio para incrementar los ingresos y beneficios, resultando no solo en la estandarización de las líneas de ensamblaje de Colt y Ford, sino también en estudios de productividad como el de los Gilbreth y el de Frederick Winslow Taylor. Bajo el nombre de "ergonomía" y "diseño de factores humanos", estos estudios continuaron optimizando departamentos de envío, organizaciones manufactureras, asistencia sanitaria, hasta el diseño automotriz.

¿Qué hay en cuanto a la optimización de las prácticas de gestión? Ciertamente la revolución liderada al estilo de gestión del oeste a comienzos del siglo XX instauró una estructura que parece ser bastante rígida desde el exterior, sin embargo, desde el interior esa rigidez es raramente visible. La gestión se considera generalmente como una ciencia "social", aunque sin duda la eficiencia y eficacia de la toma de decisiones puede ser medida (en algunas empresas).

En la base de la optimización del proceso de negocio debe haber un enfoque hacia la sistematización de la práctica empresarial, ya sea que dicha práctica sea el funcionamiento diario de un operador de telemercadeo en un call center, un empleado de despachos en el muelle de carga, un gestor de citas en una oficina médica, o un Vicepresidente finalizando una decisión de inversión. Incluso los procesos de toma de decisión que no pueden ser totalmente automatizados, pueden aún así ser mapeados, seguidos, optimizados y editados. La disciplina para hacerlo no es particularmente nueva; ni siquiera los sistemas para soportar la gestión de procesos de negocios son nuevos. Lo que sí es nuevo es el interés centrado en la utilización de una práctica de gestión para dar apoyo a la agilidad empresarial —y una norma mundial para especificar los procesos de negocio, ya sean totalmente automatizables, completamente manuales o alguna combinación entre ellos.

La notación de modelado de procesos de negocio (BPMN) es la culminación de dos corrientes de trabajo de finales de la década de 1990 y comienzos de este siglo. Una de las corrientes se centró en la planificación y gestión del flujo de trabajo y tareas asociadas, mientras que la otra se ocupó del modelado y la arquitectura. Es sorprendente constatar que, después de cientos de años de éxito en el cuidadoso diseño de ingeniería de puentes, barcos y edificios del siglo XVI en adelante, las llamadas disciplinas "modernas" de la ingeniería como el desarrollo de software han resistido satisfactoriamente a las antiguas e importantes disciplinas de la ingeniería por décadas. Esto está cambiando; el reconocimiento de que el modelado es necesario para el éxito de sistemas de software de gran complejidad es ahora común, al igual que se hizo un reconocimiento común a los astilleros y la construcción en los siglos XVI y XVII, y a la industria de construcción de puentes en el siglo XIX. El modelado es tan relevante para el software como lo son para los diseños de construcción.

Desde un punto de vista abstracto, el software diseñado para aplicarse en el ámbito empresarial (como los sistemas de planificación de recursos, sistemas de gestión de envíos, sistemas de facturación y similares) son de hecho descripciones de procesos de negocio a un nivel sorprendentemente bajo. Usted no sabría sólo con observar el rebuscado código de C++ y Java que estos sistemas describen procesos de negocio, pero sin duda lo hacen. De hecho, incluso las descripciones de procesos de negocio de BPMN son una generalización de lo que el software se trata—la automatización de procesos. Pero los procesos reales en organizaciones reales no son totalmente automatizables. Lo cual significa que no se puede utilizar el mismo lenguaje para definir, no se pueden usar los mismos procesos para medir, o para optimizar. La combinación de la capacidad de los lenguajes "modernos" de programación para ocultar la intención de la función, con su incapacidad para integrar claramente los procesos manuales y ejecutivos, hacen que la mayoría de los lenguajes de programación sean, como mínimo, ineficientes y más probablemente inútiles como lenguajes de descripción de procesos.

Esta corriente técnica de descripción de la práctica, junto con las tendencias de la gestión de flujo de trabajo y re-ingeniería de los procesos de negocio de finales de siglo XX, provocó la aparición de un lenguaje explícito y detallado para describir procesos de negocio, centrándose en dejar clara la intención de una descripción de proceso y reconocer completamente que todo proceso de negocio interesante involucra un toque humano.

La fusión de la Iniciativa de Gestión de Procesos de Negocio (BPMI) con el Grupo de Gestión de Objetos (OMG) unió dos grupos especializados en una organización más fuerte. BPMI se centró en procesos de negocio; OMG se centró en el problema de modelado genérico con su Arquitectura Orientada a Modelos, y especialmente en el modelado de sistemas de software. El nuevo OMG, que surgió en el 2005, creó exitosamente una sola organización que se centró en el modelado de sistemas, incluyendo los procesos de negocio, en dos docenas de mercados verticales desde la asistencia sanitaria hasta las finanzas, desde la fabricación hasta las ciencias de la vida, y desde sistemas de gobierno hasta sistemas militares. No solamente hizo que el lenguaje BPMN se estableciera, sino que también logró un sustento técnicamente detallado, con MDA (integrándolo con lenguajes para expresar el diseño de software, diseño de sistemas de ingeniería e incluso diseño de hardware). Más importante aún, la experiencia se quedó con el lenguaje—valiosa experiencia en modelado de negocios, escasa en el OMG antes de la fusión, es ahora el centro del éxito del OMG.

Este libro representa, en términos claros y ciertos, la experiencia de dos de los expertos con una referencia no sólo en el dónde y porqué de BPMN, sino que más importante en el cómo. ¿Cómo se deben representar las diferentes clases de procesos? ¿Cómo saber si se ha hecho correctamente? ¿Cómo obtener valores de las descripciones de los procesos, y medir y optimizar los procesos resultantes? Nadie sabe cómo responder estas preguntas mejor que Stephen White y Derek Miers, de modo que si lo que usted está buscando es un negocio optimizado, usted tiene el libro indicado en sus manos.

Angel Luis Diaz, Ph.D.
Director, Websphere Business Process Management
IBM Software Group
Agosto de 2008

El paisaje empresarial se encuentra lleno de retos, incertidumbres y oportunidades. Para muchas empresas e industrias, estos cambios se están volviendo más significativos—incluso transformativos—en su naturaleza. La Gestión de Procesos de Negocio (BPM) ayuda a que los procesos de una organización sean más flexibles y receptivos a cambios. BPM es una disciplina, que combina las capacidades del software y la experiencia de negocio para acelerar la mejora de procesos y facilitar la innovación del negocio.

Los estándares para BPM ayudan a la organización a aprovechar el poder del cambio a través de sus procesos de negocio, utilizando una Arquitectura Orientada a Servicios (SOA) para acomodarse rápidamente a las cambiantes condiciones y oportunidades del negocio.

En un clima de negocios en rápida evolución, el desarrollo pro- activo y el uso de estándares son la clave para permanecer competitivo para los proveedores de BPM y sus clientes. Los procesos orientados a estándares permiten a las organizaciones conectar las funciones empresariales en conjunto, tanto internamente como externamente con sus clientes, socios y proveedores. No se trata de la tecnología en aras de la tecnología—se trata de permitir nuevas formas de hacer negocio. Se trata de ayudar a las organizaciones a alcanzar nuevos niveles de innovación mientras se continúan ofreciendo aumentos en la productividad, los cuales son necesarios para mejorar el balance final. Los estándares abiertos permiten a las empresas reducir los costos, incrementar los ingresos y responder rápidamente a las presiones de la industria.

Lo nuevo es que los estándares abiertos están acercándose a los objetivos de las empresas, y el ritmo al que están surgiendo es impulsado aceleradamente por la estratificación que se produce. Cuando un conjunto de mejores prácticas es acordado, se abre la puerta a la próxima oportunidad para la innovación mientras que se aprovecha el creciente apoyo a los estándares abiertos de integración, conectividad e interoperabilidad. Con la amplia adopción de los estándares de Arquitectura Orientada a Servicios (por ejemplo, XML, Servicios Web...) se tiene una base sólida para construir estándares para la Gestión de Procesos de Negocio.

Esto conduce a la Notación de Modelado de Procesos de Negocio (BPMN), uno de los estándares clave que han surgido en el ámbito de BPM. BPMN mejora los esfuerzos organizacionales de BPM proporcionando un lenguaje gráfico común, facilitando la comunicación y mejor comprensión de los procesos de negocio en ambos, negocio y TI.

El futuro de BPMN es brillante a medida que se aumente el "rigor" asociado a la definición del negocio. Este rigor asegurará que las inversiones que realizan los empresarios en definir sus procesos sean rápidamente traducidas a la realidad. Además, a través de puntos de agilidad embebidos en el proceso de ejecución, los sistemas se optimizan fácilmente.

La Gestión de Procesos de Negocio pone a los requerimientos de negocio al volante; asegurando la claridad del concepto a todos los operadores, desde los líderes de la empresa, analistas y usuarios, hasta los líderes de tecnologías de la información y desarrolladores. Los autores se encuentran personalmente entusiasmados por la publicación de este libro ya que sin duda ayudará a llevar el poder de BPM a las masas y proveerá un recurso valioso para todos los que están desarrollando modelos e implementaciones BPMN.

Acerca de esta traducción.

Este libro fue originalmente escrito en inglés y BPMN está definido completamente también en esa lengua. Dado que BPMN es una notación, incorpora una gran cantidad de términos, utilizados en la descripción y modelado de los procesos y que por ende son de gran relevancia. Lo ideal sería que este conjunto de términos (claves y secundarios), fuera universal y no se tradujera a cada lengua. Sin embargo, la cantidad de términos sin traducir haría ininteligible el libro, el estándar y en general cualquier redacción referida a BPMN, pues sería una mezcla sin sentido de palabras en diferentes idiomas.

Con este desafío por delante, el equipo de traducción fijó como principal objetivo que el libro sea lo más comprensible posible a los hispanoparlantes, no modificando su estructura ni contenidos. Para lograr esto, se definió que se traducirían todos los términos de BPMN, fueran claves o secundarios, que tuvieran una traducción adecuada a nuestro idioma. En orden de facilitar la comprensión, referencia y mapeo con los términos originales en inglés, al final de este libro, se incluye una tabla que mapea como fueron traducidos cada uno de éstos términos.

Como segundo objetivo se buscó que la traducción fuera lo más deslocalizada posible, es decir, que fuera comprensible en la mayor cantidad de regiones de habla hispana. Existen innumerables términos en inglés que no cuentan con una traducción adecuada al español, y que en diferentes regiones son utilizados en forma divergente. Para todos estos términos, se han dejado en inglés, adjuntando en el texto una breve traducción de su significado en español.

Dr. Ing. Juan J. Moreno.
INTEGRADOC, Universidad Católica del Uruguay.

Ing. Erik Koleszar.
INTEGRADOC, Universidad Católica del Uruguay.

Ing. Martín Sorondo.
Universidad Católica del Uruguay.

Lic. Martín Palatnik.
Universidad Católica del Uruguay.

Lic. Cristian Mastrantono.
Universidad Católica del Uruguay.

A/I. Martín Fros.
INTEGRADOC, Universidad Católica del Uruguay.

Comprendiendo BPMN

Capítulo 1.   Introducción

Este libro proporciona una guía y referencia de modelado para las características de la versión 1.1 de BPMN.

En la parte I, se describirán levemente los impulsores de negocio asociados al modelado de procesos,   alineándolos con la historia de la Notación de Modelado de Procesos de Negocio (BPMN™),[1] desarrollos estándar y controvertidos esperados en el futuro. Se continuará hablando acerca de procesos y modelado en general para establecer y posicionar algunas de las cuestiones y desafíos para los modeladores de BPMN.

Luego se presentará el enfoque de modelado BPMN utilizando un escenario progresivo que se despliega al lector. Mientras se detalla cada nuevo aspecto del escenario, se describirá la funcionalidad de BPMN que permite el comportamiento deseado. En lugar de intentar explicar cada concepto detalladamente, esta parte del libro se atiene a los principios fundamentales, haciendo referencia al lector a la sección para obtener mayor detalle (por ejemplo, la parte II de este libro).

La intención es permitir al lector entender cómo aplicar BPMN en un escenario del mundo real. Además el enfoque tomado introduce cada conjunto de funcionalidades de un modo no amenazante, permitiendo al lector comprender a su propio ritmo. A lo largo de esta parte del libro, se introducirán ejercicios para que el lector complete, ayudándolo a fijar su aprendizaje y establecer un nivel fundamental de experiencia. Las respuestas a estos ejercicios estarán disponibles en línea (como parte del entrenamiento en línea que complementa a este libro).

La parte II presenta una detallada sección de referencia que cubre la semántica precisa del estándar BPMN, explicándola y explicando el comportamiento del proceso que resulta.[2]

Para modeladores ocasionales, la Parte I proporcionará lo suficiente como para comenzar. Con el tiempo, se espera que usted se inmersa en la Parte II (la referencia detallada) para familiarizarse con las funciones precisas de la notación.

Estructura del Libro

El libro está organizado en 13 capítulos principales, seguidos por Apéndices, un Prólogo, Glosario e Índice.

---

[1] BPMN™ es una marca registrada de Object Management Group.

[2] La especificación BPMN y una lista de proveedores que la soportan están disponibles en http://www.bpmn.org/. Se decidió no incluir una lista de proveedores en este libro ya que podría perder vigencia rápidamente.

Parte I Capítulo 1— "Introducción"

Capítulo 2—"El Modelado de Procesos es Importante" introduce el modelado de procesos en general, destacando la forma en que ayuda a la comunicación y comprensión entre las personas. Describe brevemente cómo los Modelos de Procesos pueden ayudar a la comunicación y guiar el trabajo dentro de la organización.

Capítulo 3—"Procesos" proporciona una rápida introducción a los conceptos de Procesos de BPMN, que abarca conceptos de Orquestación, Coreografía y Colaboración.

Capítulo 4—"Enfoques de Modelado & Arquitectura" introduce algunos de los posibles enfoques para modelar con BPMN.

Capítulo 5—"Introducción a BPMN basada en un escenario" proporciona una introducción al modelado BPMN fácil de seguir. Comienza con una situación simple y fácil de reconocer y luego se construye sobre esa base, introduciendo lentamente y explicando las funcionalidades de BPMN para respaldar la evolución de la complejidad del comportamiento.

Parte II Capítulo 6—Introducción a la Sección de Referencia BPMN proporciona una breve introducción, explicando los tokens que se utilizan para mostrar el comportamiento asociado a cada elemento de BPMN.

Capítulo 7—Actividades explora Tareas, Sub-Procesos y Niveles de Proceso en general. Luego se discuten las cuestiones especiales que afectan los Sub-Procesos

Capítulo 8—Eventos proporciona explicaciones detalladas de todos los eventos iniciales, intermedios y finales. Recorre cada uno de ellos, describiendo el comportamiento de cada uno de sus elementos.

Capítulo 9—Gateways investiga el rol de las Gateways en el modelado BPMN (puntos donde el control es necesario para dividir y unir caminos), pasando por el comportamiento asociado a cada tipo.

Capítulo 10—Swimlanes establece la semántica apropiada y las reglas de asociadas a los Pools y Carriles.

Capítulo 11—Artefactos explica cómo representar Datos, Documentos y otras cosas que no están directamente cubiertas con los objetos centrales del diagrama de flujo de procesos.

Capítulo 12—Conectores explora el significado asociado al Flujo de Secuencia, Flujo de Mensajes y Anotaciones.

Capítulo 13— Conceptos Avanzados proporciona explicaciones sobre el Ciclo de Vida de una Actividad, Compensación y Transacciones, y procesos Ad-Hoc.

Los apéndices proporcionan un análisis más detallado de:

o   Entornos de Ejecución de Procesos (Suites BPM y Workflow)

o   Técnicas de Arquitectura de Procesos—un breve análisis de los enfoques disponibles.

o   Una colección de buenas prácticas en BPMN.

o   Orientación de BPMN—analiza la dirección a seguir por la especificación de BPMN, explorando algunas de las funcionalidades esperadas en la versión 2.0 de BPMN y posteriores versiones.

El epílogo proporcionado por el Prof. Michael zur Muehlin, analiza algunos de los usos de los Modelos de Proceso, y a través del uso de BPMN, cómo evitar los errores cometidos en el pasado.

Glosario e Índice.

Convención Tipográfica

En este libro, se utilizan los siguientes estilos para distinguir los elementos de BPMN del español. Sin embargo, estas convenciones no son utilizadas en tablas o títulos de sección donde no es necesaria la distinción.

Bookman Old Style - 10.5 pt.:	Texto estándar
Cursiva con Sangría:	*Escenarios*
Iníciales en Mayúscula	Elementos BPMN
Cursiva minúscula:	*Conceptos Importantes de BPMN*
<u>Subrayado</u>:	<u>Énfasis general</u>
Calibri – 10.5 pt. Cursiva con Sangría:	*Punto Clave / Mejor Práctica*
Calibri – 10.5 pt. Sangría (No cursiva):	Ejercicios

Capítulo 2.   La Importancia de Modelar

Resumen: *Este capítulo describe la función del Modelado de Procesos en gene-ral—tanto como ayuda para la comunicación como para guiar la forma en que se trabaja en las organizaciones modernas. Luego se analizará brevemente la historia de BPMN.*

Todas las organizaciones se encuentran en un recorrido—un viaje sin fin donde la atención se centra en mejorar la manera en que las cosas se hacen (como quiera que sea medido) para el beneficio de los accionistas, las partes interesadas y/o ganancias. Este concepto se encuentra en el corazón de las Gestión de Procesos de Negocio (BPM); una manera de pensar, una filosofía de gestión centrada en mejorar los procesos opera-cionales de la organización.

Cuanto más tiempo una organización haya estado recorriendo este cami-no, más maduros son sus procesos, más repetibles y escalables son sus operaciones y es mejor su desempeño en general. De hecho, la literatura acerca de la gestión está llena de ejemplos de Empresas que han estado en este recorrido desde hace un tiempo—Dell, General Electric, Toyota, Nokia, Cisco, Federal Express son algunos de los ejemplos.

Donde sea que se mire, es fácil encontrar cualquier número de artículos o libros que recomiendan a las empresas a incurrir en la innovación ope-racional (con el objetivo de abrumar a la competencia). Y sin embargo, todos estos ejemplos tienen algo en común—un remarcado énfasis en la comprensión de los procesos de negocio de la empresa para poder mejo-rarlos. Se podría argumentar que este es un principio fundamental de la disciplina de la gestión.

En todo el mundo, prácticamente en todas las empresas y organizaciones, las personas están luchando para comunicarse entre ellas para ver cómo organizar el trabajo de la mejor manera. Se están cuestionando cosas como:

- ¿Cuáles pasos son realmente necesarios?
- ¿Quién debería realizarlos?
- ¿Deben quedarse en la empresa o en el subcontratado?
- ¿Cómo deben ser realizados?
- ¿Qué funcionalidades se necesitan?
- ¿Qué resultados se esperan y como serán monitoreados?

Mientras que las respuestas a estas preguntas son siempre para una si-tuación en particular, sin el sustento de una descripción comúnmente aceptada del proceso de negocio en cuestión, esas respuestas son a me-nudo imprecisas y confusas.

Los Procesos Ayudan a la Comunicación

Los competidores sacan al mercado nuevos productos, los clientes de-mandan cambios más rápidos y precios más bajos, las reglamentaciones cambian. Cada vez que un programa organizacional pone en marcha este tipo de desafíos, las personas se encuentran construyendo modelos de procesos de negocio para mostrar el flujo de trabajo y las actividades asociadas (véase figura 2-1).

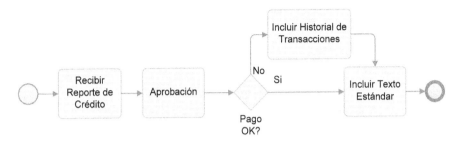

Figura 2-1—Ejemplo de Proceso BPMN

Las personas generalmente usan estos modelos para respaldar sus conversaciones, ayudando a la comunicación y comprensión, actuando como respaldo para prácticamente todos los programas de mejora. Tales modelos forman la base de una referencia global del negocio, detallando cómo la operación se integra. Forman parte del material de capacitación y actúan como base para compartir las buenas prácticas dentro de la Empresa.

Como se representa en la figura 2-2, los modelos de proceso son normalmente creados (descubiertos o capturados) observando las operaciones de la empresa en marcha. Son importantes entradas los objetivos, estrategias y reglas (o reglamentaciones) de la organización. Se realiza una especie de Análisis previo al Rediseño.

Las organizaciones pueden elegir entre muchas metodologías sofisticadas para la captura y el diseño de modelos para adecuarse a su propósito. Este libro no tiene como objeto proporcionar dichas metodologías, pero si proporcionará las bases para entender los modelos resultantes.

Hasta este punto, se asume que los humanos serán los principales consumidores de estos modelos. Como se verá luego, estos procesos pueden ser las principales entradas para un entorno de soporte para negocios.

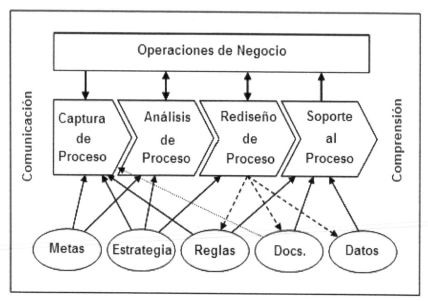

Figura 2-2—Los Modelos de Proceso son importantes en todas las etapas del cambio organizacional.

Inicialmente, estos modelos impulsan la comunicación entre los compañeros de trabajo dentro de la organización, ayudándolos a lograr un entendimiento compartido. En una organización pequeña, esto es relativamente sencillo de lograr, pues los empleados tienden a compartir una cultura y un conjunto de valores en común. Pero en una organización más grande, especialmente en las que los empleados están distribuidos en distintos lugares físicos, lograr una interpretación común acerca de lo que quieren decir realmente las palabras es frecuentemente difícil.

Pero al compartir modelos de proceso con proveedores, clientes y/o socios —por ejemplo, de un extremo al otro de la cadena de valor este problema de interpretación empeora. Los participantes ya no tienen las referencias culturales que ayudan a fijar el significado del diagrama.

Punto Clave: *Sin una forma rigurosa de describir los procesos de negocio, la interpretación de un modelo dado siempre queda en manos del lector (no del modelador), lo cual puede frustrar el propósito.*

Los modelos de proceso también proporcionan el marco de trabajo dentro del cual las métricas tienen significado. Por ejemplo, sin alguna noción de procesos de negocio, conceptos como ciclo de completo y costos de actividad no tendrían puntos de referencia.

Modelos de Proceso Que Orientan al Trabajo

Habiendo construido estos modelos, algunos se dan cuenta de que es posible usarlos para orientar el trabajo en sí mismo. Nótese que en la figura 2-2 se muestra cómo el rediseño del proceso alimenta la entrada del soporte del proceso. Junto con los Datos, Documentos y Reglas, el Modelo de Proceso es ahora el apoyo de las operaciones de la empresa.

Interpretados por sofisticados sistemas de software (suites BPM y productos de Workflow), los modelos de procesos ejecutables llevan las instrucciones de cómo el trabajo debe realizarse, quién debe realizarlo, condiciones de intensificación en el caso de que no haya sido realizada a tiempo, conexiones a otros sistemas, etc. El resultado agiliza el trabajo en la organización, asegurando el rendimiento correcto de los pasos críticos y que los elementos de trabajo no caigan en quiebres.

Si el trabajo debe cambiar entonces—en lugar de escribir nuevos programas de computación (enfoque antiguo)—sólo se debe cambiar los modelos base y el comportamiento de la organización se adaptará de forma correspondiente.

Estos ambientes de software orientados a procesos se están volviendo cada vez más populares, pues proporcionan un método directo para traducir ideas estratégicas y tácticas a procesos operacionales. De muchas maneras distintas, permiten a toda la organización volverse más ágil de lo que podría hacerse de otras maneras. Para un análisis más detallado de Soporte de Procesos y Ejecución de Procesos en general ver la sección del Apéndice "Ambientes de Ejecución de Procesos" en la página 182. [3]

El factor esencial es que los modelos de proceso requieren mayor rigor deben soportar este comportamiento de ejecución (en lugar de confiar en la interpretación humana). El problema es que, sin precisión y estructura, cuanto más se mira diagramas simples basados en cajas y conectores, menos significan. Para lograr que un modelo comunique la esencia real (para el lector o para un sistema) las cajas y conectores deben representar algo.

Punto Clave: *La realidad es que, cuando se trata de modelar el polifacético mundo del trabajo, todos los procesos de negocio necesitan un cierto grado de rigor. De otra forma, no tienen sentido. Esto es especialmente cierto cuando el modelo está diseñado para ser interpretado por computadoras.*

Y de eso es lo que la Notación de Modelado de Procesos de Negocio (BPMN) se trata. Proporciona una forma estándar de representar procesos de negocio tanto para propósitos descriptivos de alto nivel y para detallados y rigurosos entornos de software orientados a procesos.

Modelado de Procesos en BPMN

En BPMN, los "Procesos de Negocio" involucran la captura de una secuencia ordenada de las actividades e información de apoyo. Modelar un Proceso de Negocio implica representar cómo una empresa realiza sus objetivos centrales; los objetivos por si mismos son importantes, pero por

---

[3] Véase también *Mastering BPM--The Practitioners Guide* de Derek Miers. Este libro proporciona un análisis mucho más profundo en cuestiones asociadas a la ejecución de Modelos de Procesos en una Suite BPM.

el momento no son capturados por la notación. Con BPMN, sólo los procesos son modelados.

En el modelado de BPMN, se pueden percibir distintos niveles de modelado de procesos:

- **Mapas de Procesos**—Simples diagramas de flujo de las actividades; un diagrama de flujo sin más detalle que el nombre de las actividades y tal vez la condiciones de decisión más generales.

- **Descripción de Procesos**—Proporcionan información más extensa acerca del proceso, como las personas involucradas en llevarlo a cabo (roles), los datos, información, etc.

- **Modelos de Proceso**—Diagramas de flujo detallados, con suficiente información como para poder analizar el proceso y simularlo. Además, esta clase de modelo más detallado permite ejecutar directamente el modelo o bien importarlo a herramientas que puedan ejecutar ese proceso (con trabajo adicional).

BPMN cubre todas estas clases de modelos y soporta cada nivel de detalle. Como tal, BPMN es una notación basada en diagramas de flujo para definir procesos de negocio, desde los más simples (por ejemplo véase la Figura 2-1) hasta los más complejos y sofisticados para dar soporte a la ejecución de procesos.

Punto Clave: *BPMN es capaz de representar una gran cantidad de niveles de detalle y diferentes tipos de diagramas para diferentes propósitos.*

Historia y Objetivos de BPMN

En el 2001, BPMI.org[4] comenzó a desarrollar BPML (Lenguaje de Modelado de Procesos de Negocio, un lenguaje XML de ejecución de procesos) y surgió la necesidad de una representación gráfica. Las personas y los proveedores involucrados en ese momento decidieron que una notación orientada hacia las necesidades del usuario era necesaria, es decir, no una notación que represente directamente el lenguaje de ejecución en desarrollo. Esto significa que sería necesaria una traducción de la notación orientada al negocio al lenguaje técnico de ejecución.

El Notation Working Group (quien originalmente creo BPMN junto con BPMI.org) fundado en agosto del 2001. Estaba compuesto por 35 compañías de modelado, organizaciones y personas, que entre todos aportaron una cantidad de perspectivas diferentes. Este grupo desarrolló BPMN 1.0.

Cuando se comenzó el desarrollo de BPMN habían—y todavía hay—una amplia gama de notaciones de modelado de procesos, distribuidas utilizando diferentes herramientas, y utilizadas dentro de una gran variedad de metodologías.

---

[4] Iniciativa de Gestión de Procesos de Negocio

Lo interesante de BPMN era la gran cantidad de proveedores que se reunieron con el objetivo común de consolidar los principios subyacentes del modelado de procesos. Su meta era llegar a un acuerdo sobre una única notación (en cuanto a la representación) la cual pueda ser adoptada por otras herramientas y personas. Por lo tanto, BPMN no era un gran ejercicio académico, sino más bien una solución práctica tanto para los proveedores de herramientas de modelado como para los usuarios de herramientas de modelado.

El razonamiento fue que este enfoque ayudaría a los usuarios finales dándoles una notación simple y acordada. Esto permitiría capacitación consistente, utilizando cualquier número de herramientas. Las compañías no deberían re capacitar cada vez que se compre una nueva herramienta o se contrate nuevo personal que haya sido capacitado en otras herramientas y notaciones. En resumen, hizo que el aprendizaje sea transferible.

Otro objetivo de BPMN era que proporcionaría un mecanismo para generar procesos ejecutables—inicialmente BPML (posteriormente substituido por BPEL). Por lo tanto, BPMN provee un mapeo "válido" entre los diagramas BPMN a BPEL, de manera que un motor pueda ejecutar el proceso. Esto no significa que todo modelo de proceso BPMN es ejecutable, pero para aquellos procesos destinados a la ejecución, BPMN proporciona los mecanismos para pasar del diseño original hasta la ejecución. Esta trazabilidad fue parte de la meta original para el desarrollo de BPMN.

Punto Clave: *BPMN tenía dos objetivos contradictorios –proporcionar una manera fácil de utilizar la notación de modelado de procesos, accesible a los usuarios empresariales; y proporcionar facilidades para traducir los modelos a una forma ejecutable tal como BPEL.*

En mayo de 2004, fue publicada la especificación 1.0 de BPMN. Desde entonces, más de 50 compañías han desarrollado implementaciones del estándar. En febrero de 2006 la especificación 1.0 fue adoptada como un estándar OMG (luego de que BPMI.org se incorporó al OMG).

Nótese que el Notation Working Group no estableció que se especificara un mecanismo de almacenamiento (serialización) acordado para BPMN. Esto es a la vez una bendición y una maldición—permitió a los proveedores que adoptaran la notación sin tener cambiar sus formatos internos de almacenamiento (un factor contribuyente a la expansión de la adopción del estándar). Pero también significó que los archivos de diagramas no fueran portables entre herramientas de modelado.

Punto Clave: *Originalmente BPMN no especificaba un formato de almacenamiento, permitiendo que una franja más amplia de proveedores adoptaran el estándar, a pesar de limitar la portabilidad de los modelos.*

En febrero de 2008, la OMG publicó la versión final de BPMN 1.1, la cual se encuentra disponible para descargar públicamente (véase www.bpmn.org). La mayoría de los cambios en la versión 1.1, esclarecieron el documento de especificación en sí, haciendo su significado más explícito.

Sin embargo, pocos cambios gráficos fueron realizados a BPMN en la versión 1.1 (cubierta totalmente en este libro). Se ha resaltado en donde ocurrieron los cambios.

El OMG pronto publicará la versión 1.2. Esta versión no incluirá cambios significativos en el aspecto gráfico; los cambios son solamente en la redacción (por ejemplo, aclarando el lenguaje de la especificación en sí).

Actualmente BPMN 2.0 se encuentra en desarrollo y dará un gran paso adelante en las capacidades de BPMN. Es muy poco probable que esta nueva versión salga a luz hasta mediados de 2009, como muy temprano. Para un análisis más extenso acerca del futuro de BPMN y las posibles facilidades de BPMN 2.0 véase el Apéndice "Futuro de BPMN" en la página 188.

Capítulo 3.   Procesos

Resumen: *El propósito de este capítulo es explorar las diversas definiciones del término Proceso antes de incurrir en la introducción de un diagrama BPMN, apuntando a los elementos clave que se presenten. Luego se continúa con el análisis de las diferentes categorías de Procesos que BPMN está comenzando a dar soporte (Orquestación, Coreografía y Colaboración).*

Existe una gran cantidad de definiciones de Proceso de Negocio. De hecho, la noción de un Proceso de Negocio es una noción abstracta en el mejor de los casos. En los talleres realizados, frecuentemente se les pide a las personas que escriban sus propias definiciones y es sorprendente la variedad de respuestas que se reciben. Ejemplos extraídos incluyen:

- Una secuencia de actividades realizadas sobre una o más entradas para entregar una salida.
- Un conjunto de actividades sistemáticas que llevan un "evento de negocio" a un resultado exitoso.
- Una colección de actividades de negocio que crean valor para un cliente.
- Una determinada cantidad de roles colaborando e interactuando para lograr una meta.
- Una colección organizada de comportamientos de negocio que satisfacen un propósito empresarial definido, actuando de acuerdo a objetivos específicos.
- Simplemente cómo las cosas se hacen aquí.

La actual definición de Wikipedia es, "Un proceso de negocio o método de negocio es una colección de tareas interrelacionadas, que persiguen una meta en particular".

El problema en llegar a una definición para el término Proceso, es que existen muchas (definiciones) — todos tienen una interpretación sutilmente diferente. Además, siempre se utiliza la misma palabra, sin tener en cuenta de que se pueden querer decir cosas diferentes.

Entonces aunque todas estas definiciones son válidas, es necesario asentarse en una para el propósito de este libro. En BPMN un Proceso representa lo que una organización realiza — su trabajo — para lograr cumplir su propósito u objetivo. En la lista anterior, la segunda y tercera definición son las que probablemente más se acerquen.

Dentro de una organización, hay muchos tipos de Procesos en términos de cuál es su propósito y cómo son realizados. La mayoría de los Procesos requieren algún tipo de entrada (ya sea electrónica o física), utilizar y/o consumir recursos, y producir algún tipo de salida (ya sea electrónica o física). La mayoría de las organizaciones realizan cientos de miles de procesos en el transcurso de proporcionar valor a los clientes, personal, o satisfacer reglamentos.

Algunos procesos son formales, repetibles, bien estructurados, y hasta pueden estar automatizados. Usualmente se refiere a estos procesos como "Procedimientos". Los ejemplos Incluyen:

- Procesamiento de reclamos sanitarios
- Creación de una nueva cuenta.
- Transacciones bancarias.
- Procesamiento de reclamos de gastos.

Otros procesos son informales, muy flexibles, impredecibles (altamente variables), y difíciles de definir o repetir. Usualmente se refiere a estos procesos como "Prácticas". Los ejemplos Incluyen:

- Escribir un manual de usuario.
- Desarrollar una estrategia de venta.
- Preparar un programa de conferencia.
- Ejecución de una reunión de consultoría.

BPMN utiliza un conjunto de elementos gráficos especializados para describir un Proceso y de qué manera es realizado (véase figura 3.1). Los elementos principales de un Proceso en BPMN son los "Objetos de Flujo" (Actividades—véase página 62; Eventos—véase página 80; y Gateways—véase página 126), y Flujo de Secuencia (véase página 159).

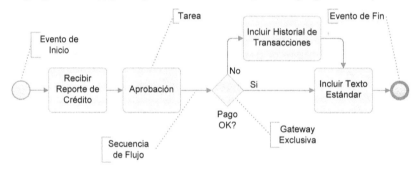

Figura 3-1—Proceso

Punto Clave: *Los objetos de flujo (Actividades, Eventos, Gateways y Flujos de Secuencia) son los elementos principales que definen la estructura fundamental y el comportamiento del Proceso.*

Habitualmente los modeladores agregan más elementos gráficos para explicar la estructura del Proceso y proporcionar mayor detalle. Por ejemplo, los Objetos de Datos (véase la página 153) muestran cómo los datos son utilizados en el Proceso. Otros Artefactos tales como los Grupos (véase página 154) o Anotaciones de Texto (véase página 157) ayudan a organizar o documentar detalles del Proceso. Los Carriles pueden separar los elementos por rol (u otro criterio—véase pagina 150).

Punto Clave: *Los Objetos de Dato, Artefactos y Carriles, proporcionan mayor detalle, describiendo el desempeño o comportamiento del Proceso, pero no modifican significativamente la estructura básica (como fue definido por los objetos de flujo y flujo de secuencia).*

Categorías de Procesos

Desde su descripción, BPMN ha tratado de dar soporte a tres categorías principales de Procesos:

- Orquestación
- Coreografía
- Colaboración

Estos términos han variado, usualmente con conflictivos significados en los distintos contextos de negocio en los que son aplicados. Se ha tratado de definirlos para los propósitos de BPMN, y luego aplicarlos consistentemente en este libro. Versiones futuras de BPMN harán distinciones más claras entre estos tipos de procesos, incluyendo un robusto soporte de diagramas para cada aspecto.

Orquestación

En BPMN, los modelos de *orquestación* tienden a implicar una perspectiva única de coordinación—por ejemplo, representan una vista específica del negocio u organización del Proceso. Como tal, un Proceso de *orquestación* describe cómo una única entidad de negocio lleva a cabo las cosas. Utilizada principalmente en la comunidad técnica, la "Orquestación del Proceso" está habitualmente alineada con lenguajes de Servicios Web tal como BPEL.

La mayor parte de este libro explora los modelos de procesos orientados a la *orquestación*. Tanto es así, que se referirá a las *orquestaciones* simplemente como Procesos. La figura 3-2 muestra un simple modelo de *orquestación*.

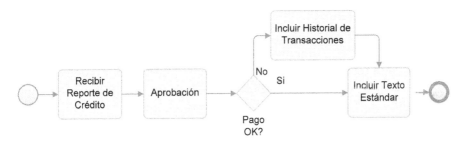

Figura 3-2—Una Orquestación típica de BPMN

Sin embargo, un diagrama BPMN puede contener más de una *orquestación*. En tal caso, cada *orquestación* aparece dentro su propio contenedor llamado Pool (véase pagina 161). De esta manera, las *orquestaciones* (por ejemplo, los Procesos) están siempre contenidos dentro de un Pool. Esta es una importante distinción al comprender la diferencia entre *orquestación* y *coreografía*.

Además, el hecho que los modelos de *orquestación* están contenidos en un Pool indica que consisten de elementos de procesos que coexisten dentro de un contexto bien definido, o centro de control. Un modelo de *orquestación* ejecutado por una Suite BPM cumple exactamente esta descripción, pero también aplica a situaciones que no son parte de un sistema semiautomático. Una consecuencia del "contexto bien definido" en una *orquestación*, es que cualquier dato está disponible para todos los elementos del modelo.

Coreografía

Un modelo de proceso de *coreografía* es una definición del comportamiento esperado (una clase de contrato procedimientos o protocolo) entre los *participantes* que interactúan. Estos *participantes* pueden ser roles de negocio generales (por ejemplo, un despachador) o una entidad específica de negocio (por ejemplo, FedEx como empresa de transporte).

Como en la definición de un ballet, en BPMN una *coreografía* describe las *interacciones* de los *participantes*. En BPMN, una *coreografía* define la secuencia de *interacciones* entre dos o más *participantes*. En BPMN, las *interacciones* son la comunicación, a través de la cual se intercambia un *mensaje* entre dos *participantes*.

Un modelo de *coreografía* BPMN comparte muchas de las características de un modelo de *orquestación* en cuanto a que tienen un diagrama de flujo. Incluye tanto caminos alternativos y paralelos, así como Sub Procesos. De esta manera, los *objetos de flujo* (Actividades, Eventos, y Gateways) de los modelos de *orquestación* también aplican a los modelos de *coreografía*.

Sin embargo, hay grandes diferencias entre los modelos de *orquestación* y *coreografía*:

- Una orquestación está contenida por un Pool y normalmente en un contexto bien definido.

- Una coreografía no existe dentro de un contexto bien definido o centro de control. No hay mecanismo central que guíe o mantenga trazo de una *coreografía*. Por lo cual no hay datos compartidos disponibles para todos los elementos de la *coreografía*.

- Para ubicar una *coreografía* dentro de diagramas BPMN, la forma es hacerlo entre los Pools.

La primera versión de BPMN (ahora 1.1) incluía algunos de los conceptos que dan soporte a los modelos de *coreografía*. Y si bien es posible obtener el comportamiento esperado de la coreografía, los elementos que se necesitan para una definición completa todavía no se han definido. BPMN 2.0 incluirá soporte completo para diagramas de *coreografía* (distinto a los diagramas de *orquestación*).

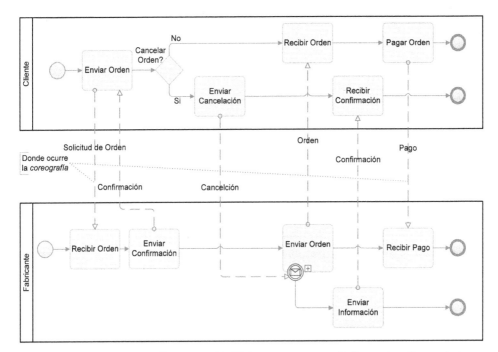

Figura 3-3—Coreografía en BPMN (como se modela actualmente)

La figura 3-3 muestra la capacidad actual para la definición de *coreografía* en BPMN 1.1. El diagrama muestra dos Pools, cada una contiene una *orquestación*. Los conectores entre los Pools son el Flujo de Mensajes (véase página 163). La combinación de Actividades y otros elementos dentro de los Pools y el Flujo de Mensajes entre los Pools definen una *coreografía* implícita.

Se espera que BPMN 2.0 incluya un diagrama específico de *coreografía*. En lugar de tener que obtener la *coreografía* a partir del intercambio de mensajes, será posible modelarlo por si solo o ubicarlo entre los Pools.

Colaboración

La *colaboración* tiene un significado específico en BPMN. Mientras que la *coreografía* muestra el conjunto ordenado (protocolo) de interacciones entre los participantes. Una *colaboración* puede <u>contener</u> también una *coreografía* (cuando esté disponible en BPMN) y una o más *orquestaciones*.

Para ser más específico, una *colaboración* es cualquier diagrama BPMN que contenga dos o más *participantes* como se muestra con los Pools. Los Pools tienen Flujo de Mensajes entre ellos. Cualquiera de los Pools puede llegar a contener una *orquestación* (un Proceso), pero no está requerido.

La figura 3-4 muestra un ejemplo de diagrama de *colaboración*. Contiene dos Pools y Flujo de Mensajes entre ellos. Otros diagramas de *colaboración* pueden mostrar *orquestaciones* dentro de los Pools (como en la figura 3-3).

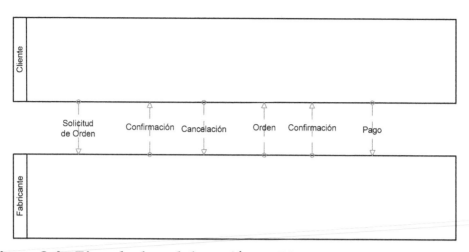

Figura 3-4—Ejemplo de *colaboración* en BPMN

Capítulo 4.   Aspectos del Modelado

Resumen: *El propósito de este capítulo es analizar algunas de las cuestiones aso-*
ciadas al modelado de Procesos en general, e identificar algunos de los
desafíos que se presentan al tratar con estas cuestiones. El Apéndice
asociado ("Técnicas para la Arquitectura de Procesos" en la página 184)
analiza varios de los enfoques disponibles que pueden ayudar al mode-
lador a identificar la arquitectura apropiada de Proceso. [5]

"Todos los Modelos son Erróneos, Algunos son Útiles"

Esta cita, muchas veces atribuida a Edwards Deming, pero en realidad originaria del menos conocido Charles Box, [5] describe la difícil situación en la que se encuentran los modeladores. Existen una gran cantidad de maneras de modelar el comportamiento deseado, con cualquier nivel de precisión.

Punto Clave: *Mucha gente asume que hay siempre un modelo correcto (y de alguna*
manera el resto son erróneos), sin embargo, rara vez hay un único mo-
delo correcto. Por otra parte, los modelos pueden ser _inválidos_ *(en el*
sentido de un mal uso de la notación).

Además, usualmente hay muchos más potenciales detalles que capturar que los que son necesarios. Si se tuviese que modelar cómo se prepara una taza de té, una sola Actividad podría ser suficiente. Alternativamente, se podría describir la necesidad de primero hacer hervir el agua, poner una bolsa de té en una taza y opcionalmente agregar leche. Pero si se quisiera preparar té para varias personas utilizando una tetera y hojas de té, o se debiera incluir los pasos para llenar la caldera, o agregar azúcar. El modelador siempre debe tomar decisiones sobre qué incluir y qué no. Por lo que es necesario mantener una perspectiva sobre los usos del modelo y por quién será interpretado.

Si el público (aquellos que leerán e interpretaran el modelo) no están interesados en los detalles, entonces no se incluirán en los modelos. En otras situaciones, como cuando el modelo soportará la ejecución en una Suite BPM o cuando el objetivo es la simulación, entonces un alto nivel de detalle es requerido.

---

[5] A pesar de que esto se encuentra fuera del alcance del estándar BPMN, es de interés para los modeladores pues tienden a asumir que de algún modo BPMN los ayudará a decidir cuales procesos existen en un dominio dado.

[6] Charles Box lo utilize por primera vez como título en un capítulo de un libro en 1979 — Cita: Box, G.E.P., *Robustness in the Strategy of Scientific Model Building*, in Robustness in Statistics, R.L. Launer y G.N. Wilkinson, Editors. 1979, Academic Press: New York.

Al comienzo de uno de los talleres se realiza un sencillo ejercicio. Se pide a los participantes que sugieran todas las ideas que quisieran representar en los modelos de proceso. No transcurre mucho antes de completar un par de pizarras—actividades, flujos, entradas, salidas, responsabilidades, costos, locaciones, calidad, reglas, interacciones, escalabilidad. Al preguntar a los delegados si quisieran que todas estas dimensiones aparezcan en un solo proceso, inmediatamente se dieron cuenta de que es cuestión de remover elementos de los modelos para hacerlos útiles.

Punto Clave: *El modelador está constantemente tomando decisiones de modelado acerca del propósito del modelo y del público al que está dirigido.* [6]

Una historia anecdótica lo dejará en claro. Durante los días de Reingeniería de Procesos de Negocio (BPR a veces referenciado a Reducciones de Personas Mayores), uno de los principales gigantes de la industria química contrató a una de las firmas líderes en consultoría para que los ayudara con la reingeniería de sus procesos de venta en Norteamérica. Luego de varios meses de trabajo, se realizó una presentación para la reunión de directorio (pues este era un proyecto de gran importancia). Uno de los costados del salón de reuniones estaba cubierto por un diagrama de flujo de ochenta pies (el modelo tal cual ocurre). En la otra pared, un diagrama de flujo del proceso a ser. El entonces Presidente permitió a los Socios de Consultoría culminar su presentación antes de realizar una simple pregunta. "¿Es ese un buen proceso? Y de ser así, por favor, explíqueme porqué." Y es ahí que surge la base del problema. El detalle dado era totalmente inapropiado para el público al que se estaba apuntando.

Aquí hay algunos aspectos de un buen modelo:[8]

- **Selectivo**—ningún modelo puede representar todo, debe representar selectivamente los aspectos que son más relevantes de la tarea en cuestión.

- **Exacto**—El modelo debe codificar exactamente el estado actual del negocio y no una noción parcial o errónea.

- **Cuidadosamente completo**—El modelo debe ser lo más simple posible, pero no más simple que eso.[9]

- **Comprensible**—Una vez que se percibe el modelo se debería estar en condiciones de encontrarle sentido, no debería ser muy complicado o resultar poco familiar para comprender.

---

[7] Algunos modeladores parecen sentir que la notación debería proporcionar solo una forma de representar cualquier problema particular. Esto va en contra de la realidad y esperar que un único modelo posible para un escenario dado es irrealista. Todos los modelos son un compromiso. Habitualmente BPMN proporciona un grupo de funcionalidades para facilitar los diferentes propósitos y estilos de modelado.

Clemens continúa haciendo referencia a algunos de los inconvenientes de la evolución y adaptabilidad entorno al modelo. "Como todos los modelos son, en algún punto, imprecisos, irrelevantes, erróneos, sensibles al paso del tiempo, etc., deben estar abiertos a revisiones recursivas para reflejar nuevos datos, el creciente nivel de comprensión, o la evolución de nuestras necesidades".

Al final, los modelos deben ser útiles. Clemens continúa diciendo, "La utilidad es la suma de las propiedades descriptas antes y el grado en que estas se combinan para promover la comprensión y una acción efectiva. Es Importante notar que cuanto más preciso, o más completo, o más elegante sea el modelo no significa que sea más útil. Todos los modelos son incompletos. Todos los modelos tiene compromisos. El arte de los que realizan los modelos radica en hacer esa compensación de manera astuta, de forma tal que haga el modelo más útil para el problema en cuestión."

Punto Clave: *Con el propósito de ser útiles, los modelos representan selectivamente algunos elementos del mundo real. El modelador excluye diferentes dimensiones del dominio (para lograr las metas de modelado).*

---

[8] Marshal Clemens de la empresa de consultoría, Idiagram, ofrece una excelente guía sobre las características que los modelos deben exhibir. No analiza BPMN, pero muchos de los puntos son aún relevantes. http://www.idiagram.com/ideas/models.html

[9] Aquí está parafraseando a Einstein.

¿Cuántos procesos, en dónde encajan?

La tentación siempre es comenzar directamente a modelar. Sin embargo, un enfoque más detenido normalmente paga importantes dividendos.

El problema real es que así como las personas comienzan a describir la manera en que suceden las cosas en un área de su organización, asumen que es todo un gran y único proceso. Lo vemos usualmente en los talleres. Los estudiantes intentan conectar todo en una descripción de proceso amorfa que captura toda posible alternativa.

Punto Clave: *Habitualmente, es difícil modelar un proceso de extremo a extremo para un problema de negocio en particular. Y aunque esto fuese posible, sería un desafío hacer ese modelo flexible y adaptable.*

Por lo general, es mucho mejor partir el dominio del problema en un número discreto de "partes", que al trabajar juntas resuelven el problema. Por lo tanto la cuestión se reduce a cómo elegir las partes apropiadas. Al buscar técnicas, se encuentran muy pocas.

Para una discusión más amplia sobre los diferentes enfoques para organizar, definir modelos, véase el Apéndice "Técnicas para la Arquitectura de Procesos" en la página 184. Allí se plantean un conjunto de enfoques que, entre ellos, proporcionan una traducción desde el nivel de estrategia del negocio directo a una arquitectura de procesos robusta (independientemente de la estructura de reportes de la organización). Estas técnicas podrían extenderse potencialmente a una pila de servicios de TI (como parte de una Arquitectura Orientada a Servicios).

El punto es que BPMN es "agnóstico a metodologías". Las organizaciones suelen tener una metodología preferida para capturar y desarrollar sus procesos de negocio. No es el papel de BPMN dictar cómo la información de procesos de negocio es recolectada o cómo son llevados a cabo los proyectos. Por lo cual, BPMN soporta múltiples metodologías (siendo tan simples o tan complejas como se necesite que sean). No se especifica el nivel de detalle para los modelos—el modelador, la herramienta de modelado, u la organización toman esta decisión. De hecho, como se verá generalmente en el modelado de procesos; habitualmente existen diferentes maneras de modelar la misma situación, con cualquier número de diferentes niveles de detalle.

Punto Clave: *BPMN no proporciona consejos acerca de cómo estructurar un dominio o lograr una arquitectura apropiada para un área dada. Sin embargo, proporciona funciones que pueden soportar muchos métodos diferentes.*

Enfrentando la Complejidad en BPMN

Como se puede ver con lo anterior, los modelos de proceso pueden volverse complejos—muy complejos (cubierto más profundamente en el Apéndice). Sin embargo, la mayoría de los desarrolladores y lectores de los modelos de proceso desean un lenguaje sencillo y gráfico para representar los procesos de negocio. De hecho, la mayoría de los modelos de proceso son sencillos diagramas de flujo (cajas de actividad, puntos de decisión y conectores entre ellos). A la vez, los modeladores necesitan la flexibilidad suficiente para representar mayores niveles de complejidad de ser necesario.

El objetivo de la mayoría de los proyectos de modelado de proceso es documentar (comprender) y analizar los procesos clave de una organización. Sin embargo, estos mismos procesos pueden luego convertirse en las bases para un conjunto más detallado de descripciones de procesos para otros usos. Elaborados y construidos en base a mayor detalle, pueden llegar a convertirse en ejecutables (en una Suite BPM o herramienta de workflow).

Por ejemplo, un modelo más bien simplista (originalmente desarrollado para una discusión de proceso de negocio), puede llegar a terminar siendo adaptado para ser utilizado en establecer relaciones apropiadas con los socios (definiendo las interfaces), el cual luego es enriquecido y adaptado por ambas partes para apoyar sus respectivos ambientes de ejecución de procesos.

Dado que cada compañía o modelador podría querer mostrar diferentes niveles o áreas de complejidad, la notación debe ser lo suficientemente flexible para manejar prácticamente todos los posibles requerimientos de las situaciones de negocio o de modelado. Pero el problema es que tal notación de negocios, que fuese capaz de representar todas las situaciones de negocio, dejaría de ser simple, sería compleja.

Este problema resalta la tensión que existe entre las dos principales metas de BPMN:

- Por una parte, facilidad de uso para los usuarios y analistas del negocio.
- Y por la otra, los procesos ejecutables.

Para cumplir con los requerimientos de la primer meta, BPMN está conformado por un pequeño conjunto de elementos (por ejemplo, Actividades, Eventos, y Gateways) que tienen formas que los distinguen (por ejemplo, rectángulo, círculo y diamante). El pequeño conjunto de elementos principales ayudan a la sencillez y legibilidad de los modelos.

Para cumplir con los requerimientos de la segunda meta, los elementos principales son especializados para propósitos particulares, cada uno de ellos contiene información y/o es apoyado por más elementos que permiten lograr el modelado del comportamiento deseado. Además, la estructura semántica subyacente de BPMN debe ser rigurosa, contener información que permita la generación de BPEL válido; o al menos sentar las bases para que otras herramientas puedan completar el desarrollo y despliegue. [7]

La especificación BPMN incluye una gran cantidad de información y funciones que lo hacen parecer complicado. Sin embargo, es muy poco probable que una analista de negocio o un usuario final necesiten la mayoría de estas funciones (pues se relacionan a la semántica de ejecución). En este libro, se apuntará a los elementos de BPMN que incumben al Analista de Negocio, mientras que también se proporcionaran descripciones de los elementos más avanzados de BPMN.

Punto Clave: *Mientras que la técnica de modelado de BPMN puede parecer un poco intimidante para alguien que recién comienza, es tan compleja como se necesita que sea con el fin de ayudar a la facilidad de uso para el Analista de Negocio y para el usuario; y a la vez, permitir construir modelos que soporten la ejecución de procesos.*

---

[10] Con una rigurosa definición de la semántica de un modelo BPMN, algunas Suites BPM son capaces de ejecutar modelos de Procesos directamente, sin tener que traducirlo a un lenguaje intermedio como BPEL. Con la aparición de BPMN 2.0 esta capacidad será reforzada mientras que la semántica será aún más rigurosa

Capítulo 5.   Introducción a BPMN basada en escenarios

Resumen: *Este capítulo provee al lector con una introducción gradual a la especificación BPMN, empezando por un escenario de compresión sencilla para luego ir construyendo lentamente sobre él, introduciendo la funcionalidad de BPMN en el contexto descrito.*

Diseñado para aquellos que arriban a BPMN por primera vez, este les permite familiarizarse con los aspectos fundamentales de la Notación sin abrumarlos con la complejidad de alguno de sus aspectos más esotéricos.

La mayor parte de la funcionalidad está limitada al conjunto "núcleo" de elementos de BPMN con el cual un Analista del Negocio debe estar familiarizado. Este concepto del conjunto núcleo se expande en la sección referencias.

Construyendo un Proceso con BPMN

El escenario central utilizado en este capítulo gira en torno a una organización ficticia Mortgage Co. Ellos toman solicitudes de potenciales clientes, realizan una evaluación de si ofrecer o no la hipoteca, y finalmente rechazan la solicitud o realizan una oferta (ver Figura 5-1).[8]

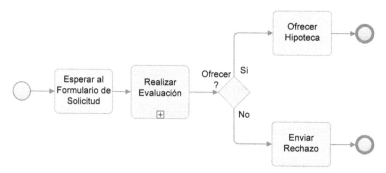

Figura 5-1—El escenario subyacente de oferta de hipotecas

Claramente, esta es una imagen bastante simplista de cómo dicho proceso puede operar. Pero será suficiente para proporcionar un marco que nos permita introducir la funcionalidad de BPMN. En el resto de esta parte del libro, vamos a construir sistemáticamente sobre este escenario,

---

[8] Todos los parágrafos sobre el escenario subyacente compartirán este estilo en la fuente (ligeramente indentado y en cursiva).

embelleciendo la historia e introduciendo las características apropiadas de modelado con BPMN para representar el comportamiento deseado.[9]

El Proceso empieza a la izquierda con un Evento de Inicio (círculo de borde fino), con dos Actividades (rectángulos redondeados) conectadas al Evento de Inicio. La primer Actividad es una Tarea y la segunda representa un Sub-Proceso. Siguiendo una *decisión*, representada por el rombo (llamado Gateway Exclusivo), el Proceso se ramifica en "Ofrecer Hipoteca" o "Enviar Rechazo" (ambas representadas como Tareas simples). Ambas ramas conducen a un Evento de Fin (círculo de borde grueso).

Los Eventos de Inicio representan los lugares en los que un Proceso puede *iniciar*, los Eventos de Fin representan diferentes *resultados*, algunos que pueden ser deseados y otros que no. Un Gateway Exclusivo representa una decisión binaria—solo una secuencia de flujo *de salida* puede evaluarse como *verdadera*. A los efectos de este modelo, las tres Tareas representan pasos simples "atómicos", mientras que el Sub-Proceso colapsado tiene un nivel superior de detalle.

Mas detalles sobre los elementos introducidos están disponibles en la Sección de Referencia de BPMN:

- Eventos de Inicio en la página 80
- Tareas en la página 63.
- Sub-Procesos en la página 64.
- Gateways *Exclusivos* en la página 128.
- Eventos de Fin en la página 117.
- Flujo de Secuencia en la página 159.

Estableciendo Temporizadores

Ahora, asumamos que queremos representar el hecho de que nuestro cliente potencial contactó a Mortgage Co para pedir un formulario de solicitud de hipoteca. Por el momento no nos preocuparemos en la forma en cómo contactaron a la compañía, asumamos que es un mensaje de algún tipo. Adicionalmente, queremos establecer un temporizador para enviarles un recordatorio si Mortgage Co no recibió la solicitud luego de siete días (ver Figura 5-2).

---

[9] Nos referimos a los elementos gráficos de BPMN con las letras iniciales en mayúscula. Cuando un concepto importante de BPMN es referenciado (que no es un elemento gráfico), utilizamos cursiva en la frase.

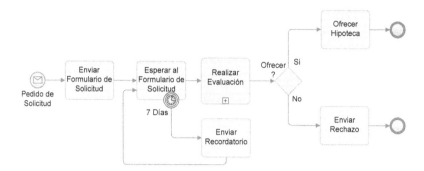

Figura 5-2—Se introduce un Evento de Inicio de tipo Mensaje y un Evento Intermedio de tipo Temporizador.

El Proceso ahora empieza con un Evento de Inicio de tipo Mensaje que representa el mensaje recibido por Mortgage Co quien luego envía el formulario de solicitud; un temporizador se sitúa en la tarea de espera para interrumpirla y enviar un recordatorio y luego volver a esperar al formulario de solicitud nuevamente.

Hay varios tipos de Eventos de Inicio en BPMN; aquí utilizamos un Evento de Inicio de tipo Mensaje para indicar como empieza este Proceso. Los Eventos Intermedios situados en los límites de una Tarea significan que si el Evento se dispara, este interrumpirá a la Tarea y enviará el Proceso a su Flujo de Secuencia *de salida*. Si la Tarea finaliza antes de que se dispare el Evento Intermedio, entonces el Proceso se mueve normalmente (siguiendo el *flujo normal* del Proceso). El bucle es creado explícitamente con un Flujo de Secuencia aunque, como descubriremos luego, existen alternativas (por ejemplo, utilizar una Tarea de tipo Bucle).

Mas detalles sobre los elementos introducidos están disponibles en la Sección de Referencia de BPMN:

- Evento de Inicio Mensaje en la página 84.
- Interrupción de Actividades mediante Eventos en la página 94.
- Eventos Intermedios Temporizador en la página 97.
- Bucle en la página 71.

Hay otra manera de modelar este escenario utilizando un Sub-Proceso para enviar el formulario de solicitud y esperar por la respuesta. Figura 5-3.

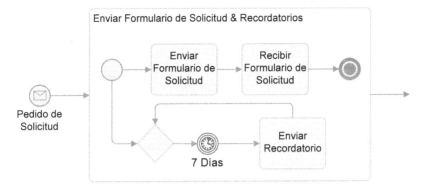

Figura 5-3—Utilizando un Sub-Proceso para representar el formulario de solicitud y los recordatorios

El Evento Intermedio de Tipo Temporizador que se muestra en línea con el Flujo de Secuencia se dispara ni bien comienza el Sub-Proceso (el Sub-Proceso se muestra en su forma *expandida*). Espera siete días antes que de ese hilo de actividad se mueva a la tarea "Enviar Recordatorio" antes de volver a esperar siete días. Cuando un Evento Intermedio de Tipo Temporizador se utiliza en línea (como en este caso), este puede tener sólo un   Flujo de Secuencia *de entrada* y *de salida*. Por lo tanto, para unir el Flujo de Secuencia *de entrada* antes del Evento Intermedio de tipo Temporizador se requiere un Gateway Exclusivo. Cuando *se une* un Flujo de Secuencia con un Gateway Exclusivo, los tokens entrantes pasan inmediatamente por cualquier Flujo de Secuencia de *entrada*, por lo que en este caso este Gateway no representa ningún tipo de retraso.

Por supuesto, hay otros *objetos de flujos* (Actividades o Gateways) que pueden tener normalmente varios Flujos de Secuencia *de entrada* y *de salida*. Si bien el Sub-Proceso podría haber incluido un Gateway Paralelo para crear la división (ver Figura 5-4), es innecesario porque el Flujo de Secuencia no requiere control. La Figura 5-3 y la Figura 5-4 describen exactamente el mismo comportamiento. Una regla general es que se requiere Gateways únicamente cuando los Flujos de Secuencia requieren *control*.

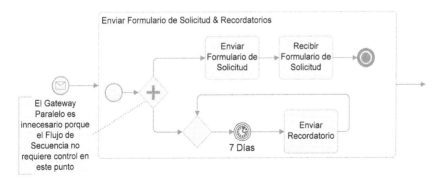

Figura 5-4—Utilizar un Gateway Paralelo es innecesario

El Sub-Proceso termina con un Evento de Fin de tipo Terminación. El Evento de Fin de tipo Terminación causa la inmediata finalización del Proceso en su nivel actual (y niveles inferereriores) incluso si aún existen actividades realizándose. Efectivamente, termina el *bucle* de recordatorios.

Mas detalles sobre los elementos introducidos están disponibles en la Sección de Referencia de BPMN:

- Eventos Intermedios de Tipo Temporizador en la página 97.
- Eventos De Fin de tipo Terminación en la página 117.
- Gateways Paralelos en la página 135.
- Anotaciones de Texto en la página 157.

Ejercicio Uno

Intente modelar este proceso; ayudará a asegurar que las técnicas discutidas hasta el momento sean asimiladas:

> Cada mañana laborable, la base de datos se respalda y luego se verifica si la tabla "Cuentas Morosas" tiene nuevos registros. Si no se encuentran nuevos registros, entonces el proceso debe verificar el sistema de Atención al Cliente (CRM) para ver si se archivaron nuevas devoluciones. Si existen nuevas devoluciones entonces se deben registrar todas las cuentas y clientes morosos. Si los códigos de los clientes morosos no fueron previamente advertidos, entonces se debe producir otra tabla con las cuentas morosas y enviarla a la administración de cuentas. Todo esto debe completarse para las 2:30 pm, si no es así, entonces se debe enviar una alerta al supervisor. Una vez que se haya completado el nuevo reporte de cuentas morosas, se debe verificar el CRM para ver si las nuevas devoluciones fueron archivados. Si nuevas devoluciones fueron archivadas, se debe volver a conciliar con la tabla existente de cuentas morosas. Esto debe completarse para las 4:00 pm, en caso contrario se debe enviar un mensaje a un supervisor.

Bucles

Hasta ahora, el *bucle* se expresó utilizando Flujos de Secuencia explícitos volviendo a una parte anterior del Proceso. BPMN provee otro mecanismo para representar este tipo de comportamiento—La Tarea Bucle (ver Figura 5-5). Una Tarea Bucle tiene una pequeña flecha semicircular que se dobla hacia sí misma.

Figura 5-5—Una Tarea Bucle sencilla

Es posible establecer atributos BPMN para mantener comportamientos de iteración sofisticados.[10] Esto es necesario para apoyar la complejidad necesaria que se requiere en simulaciones y en ambientes de ejecución de procesos. Estos aspectos son discutidos en detalle en la Sección de Referencia de BPMN.

Claramente no tiene mucho sentido iterar indefinidamente esperando un formulario de solicitud que puede no llegar nunca. Entonces, después de dos recordatorios, Mortgage Co decide cancelar la solicitud y archivar los detalles.

En la Figura 5-6 existe otra manera de establecer el contador de iteraciones. En lugar de utilizar una tarea modelada gráficamente como "Establecer Contador de Iteraciones", la Tarea "Enviar Recordatorio" podría establecer una *asignación* al nivel de los atributos. Aunque sea invisible, una anotación podría destacar su existencia.

Vale la pena destacar que la iteración con Flujos de Secuencia explícitos no puede volver al Evento de Inicio. De hecho, los Eventos de Inicio no pueden tener Flujos de Secuencia de *entrada*. El bucle solo puede iterar hasta la primer Tarea.

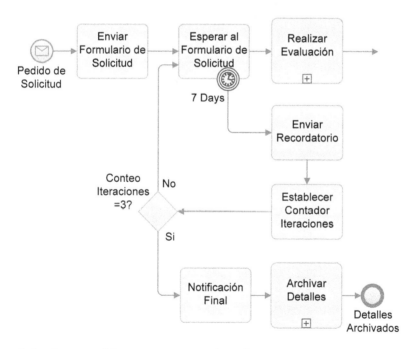

Figura 5-6—Se establece un contador de iteraciones y luego de dos iteraciones se archivan los detalles y el Proceso finaliza

---

[10] Bucles y otros atributos de elementos almacenan información sobre el Proceso que no se muestra gráficamente.

Mas detalles sobre los elementos introducidos están disponibles en la Sección de Referencia de BPMN:

- Bucle en la página 71.

Decisiones Basadas En Eventos

Por supuesto que si el cliente no devuelve el formulario de solicitud, el proceso nunca llegará a la fase de evaluación. Pero qué pasaría si el cliente deja saber a Mortgage   Co que no quiere proceder con la hipoteca. El modelo en la Figura 5-6 no representa adecuadamente este escenario que es ligeramente diferente.

Ahora, luego de enviada la solicitud, Mortgage Co espera que una de tres diferentes cosas suceda. O bien reciben la solicitud (se mueve a la Tarea "Realizar Evaluación"), o se les notifica que el cliente no desea continuar (en cuyo caso "Archivar Detalles"), o después de 7 días se les envía un recordatorio (dos veces antes de enviar un aviso final y archivar los detalles).

Si bien es posible modelar tal escenario utilizando Actividades, Flujos de Secuencia y Gateways Exclusivos, el modelo se volvería muy desordenado y complejo. Hay otra manera de modelar esta situación, utilizando un Gateway Exclusivo Basado en Eventos (ver Figura 5-7).

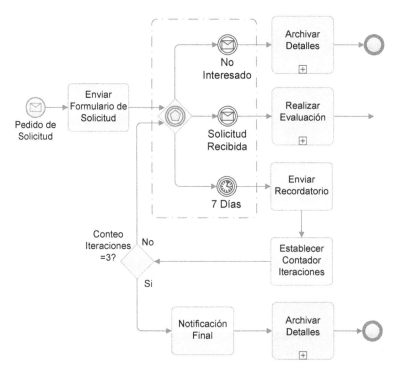

Figura 5-7—Utilizando un Gateway Exclusivo Basado en Eventos

El Gateway Exclusivo Basado en Eventos (o informalmente, el Gateway de Eventos) y los Eventos Intermedios que lo siguen son vistos como un todo (la línea punteada alrededor de ellos es un grupo de BPMN utilizado para enfatizar únicamente). Para diferenciarlo de otros Gateways, El Gateway de Eventos reutiliza el marcador de Eventos Intermedios Múltiples en el centro del diamante. El Gateway espera que uno de los eventos posteriores ocurra. O bien se recibe un *mensaje* (Evento Intermedio de tipo Mensaje) indicando que el cliente está "No Interesado" o ocurre el Evento Intermedio de tipo Mensaje "Solicitud Recibida" (y el Proceso puede progresar), o el *temporizador* finaliza y el resto del *bucle* se inicia. Otro Sub-Proceso podría representar el resto del *bucle*.

Observar que el Sub-Proceso colapsado "Archivar Detalles" aparece dos veces en el diagrama. Este Sub-Proceso se diseño como un Sub-Proceso reutilizable. Puede aparecer en otros Procesos fuera del alcance de este. De hecho, representa un proceso independiente referenciado por éste. Por supuesto, se podría reorganizar el diagrama para utilizar solo una actividad en este modelo.

Mas detalles sobre los elementos introducidos están disponibles en la Sección de Referencia de BPMN:

- Gateways Exclusivos Basados en Eventos en la página 132.
- Eventos Intermedios Mensaje en la página 101
- Grupos en la página 154.
- Eventos Intermedios Múltiples en la página 116.

Alcanzando SLAs

Ahora asumamos que Mortgage Co recibe el formulario de solicitud y decide promover un Acuerdo de Nivel de Servicio con el cliente. Ahora se compromete a responder con una oferta o un rechazo dentro de los 14 días desde la fecha de recepción del formulario de solicitud. En apoyo de esto, el Proceso debe alertar al gerente luego de 10 días si no ha terminado aún, y luego todos los días. Asimismo, es necesario archivar los detalles si la decisión fue de rechazar la solicitud (antes del fin del Proceso).

Pensando en la alerta, la primer tentación es probablemente la de utilizar un Sub-Proceso y luego adjuntarle un Evento Intermedio de tipo Temporizador en el borde para crear la alerta (similar a la Figura 5-2 en la página 38). El problema de este enfoque es que *interrumpirá* el trabajo del Sub-Proceso, y una *iteración* hacia el principio causará que el trabajo empiece nuevamente (no es el comportamiento deseado). El trabajo no debe parar solo para dar aviso de la alerta al gerente. La Figura 5-8 muestra un enfoque para resolver este problema.

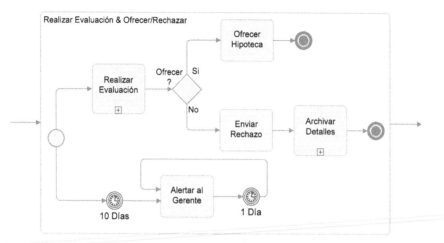

Figura 5-8—Un enfoque para el problema de la alerta sin interrupción

Un *camino* (o *hilo*) independiente con un Evento Intermedio de tipo Temporizador vinculado al Evento de Inicio del Sub-Proceso es un enfoque posible para crear la alerta sin interrupción. El *temporizador* se inicia luego de 10 días si el trabajo del otro hilo no terminó—en caso de que se complete el trabajo, uno de los Eventos de Fin de tipo Terminación acabará con el temporizador. De hecho, se produce una condición de carrera entre estas dos vertientes del proceso. Una vez que se produjo la Tarea "Alertar al Gerente" espera un día antes de iterar nuevamente.

Representando Roles en los Procesos

La Tarea "Alertar al Gerente", arriba en la Figura 5-8, parece indicar que el gerente recibe un *mensaje*. Sin embargo, los *mensajes* tienen una importancia especial en BPMN. Los Flujos de Mensajes pueden moverse solo entre distintos *participantes* en una situación negocio-a-negocio. Cada participante opera un Proceso separado representado por Pools. Los Flujos de Mensajes coordinan los Procesos de cada *participante*.

Esencialmente, un Proceso existe dentro de un único Pool. Cuadros etiquetados presentan al Pool; también tienen esquinas cuadradas contrariamente a las Tareas y los Sub-Procesos que tienen esquinas redondeadas. BPMN utiliza Pools para representar la interacción entre una organización y *participantes* fuera de su control. Dentro de una empresa, un único Pool cubre sus operaciones internas— es solo cuando se interactúa con participantes externos que se requieren Pools adicionales.[11]

---

[11] Pools separados pueden utilizarse cuando una organización tiene varias unidades de negocio independientes que se encuentran colaborando. En tal situación, cada unidad de negocio no necesariamente conoce el funcionamiento interno de las otras, teniendo que identificar las interfaces entre ellas.

Por ejemplo, en el caso de la Mortgage Co, la Agencia Crediticia (y el Cliente) tendría un Pool separado (suponiendo se que se intentaba representar las interacciones entre las partes).

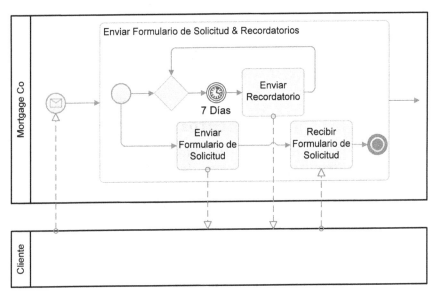

Figura 5-9—Representando al Cliente en un Pool separado

Los Flujos de Mensajes no pueden comunicar entre Tareas dentro de un único Pool—esto es lo que hacen los Flujos de Secuencia y los *flujos de datos* (como veremos más adelante). Mueve el Proceso de una actividad a otra. En este ejemplo se muestra al Pool "Cliente" interactuando con un fragmento del Proceso "Mortgage Co".

Mortgage Co no conoce al Proceso interno del Cliente. Por lo tanto, la representación del cliente es "Un Pool Caja Negra". En el Pool de Mortgage Co, el Evento de Inicio de tipo Mensaje recibe un *mensaje de entrada* del Cliente, que a su vez desencadena el Sub-Proceso. Una condición de carrera empieza entre los dos hilos del Sub-Proceso.

Dos de las Tareas en el Sub-Proceso son de tipo Envío, mientras que una tercera es una Tarea de Recibo. En BPMN 1.1, no existe una manera gráfica de diferenciar en Tareas de Envío y de Recibo. Su tipo está implícito en la dirección del Flujo de Mensajes y almacenada como atributos.

Mas detalles en cada elemento introducido se encuentran disponibles en la Sección de Referencia de BPMN:

- Flujo de Mensajes en la página 163.
- Pools en la página 148.
- Carriles en la página 150.
- Tareas de Envío y Recepción en la página 63

Ejercicio 2
Intente este ejercicio.

El Representante de Servicio al Cliente envía una oferta de hipoteca al cliente y espera por una respuesta. Si el cliente llama o escribe rechazando la hipoteca, se actualizan los detalles del caso y se archiva el trabajo antes de la cancelarlo. Si el cliente devuelve los documentos de la oferta completos y adjunta todos los documentos requeridos, entonces se mueve el caso a administración para completarlo. Si no se proveen todos los documentos requeridos, entonces se genera un mensaje para el cliente solicitándole los documentos pendientes. Si no se recibe una respuesta luego de 2 semanas, se actualizan los detalles del caso antes de archivarlo y cancelarlo.[12]

Modelando Datos y Documentos

Mortgage Co maneja una gran cantidad de documentos. Vienen de muchas fuentes diferentes—el "Informe de Peritos", el "Informe Crediticio", la "Búsqueda de título" y el "Formulario de Solicitud". En el contexto de los procesos de la empresa los documentos se mueven por varios estados mientras los empleados realizan el trabajo. Los documentos son manipulados, escaneados, ordenados, anotados, versionados, archivados, etc. Se vinculan imágenes a los registros de los clientes y los empleados traspasan parte de su contenido a campos de datos del sistema de información de la empresa.

Claramente, existe la necesidad de entender como estos datos y documentos son manipulados dentro de un determinado proceso. Por ejemplo, en la Figura 5-10, la documentos "Carta de Rechazo" y "Evaluación" se representan mediante Objetos de Datos. Los Objetos de Datos son los Artefactos del Proceso. No se mueven junto al flujo del proceso, pero actúan como entradas y salidas de las Tareas.

---

[12] Respuestas de Ejemplo a estos Ejercicios estarán disponibles en línea en http://www.bpmnreferenceguide.com/

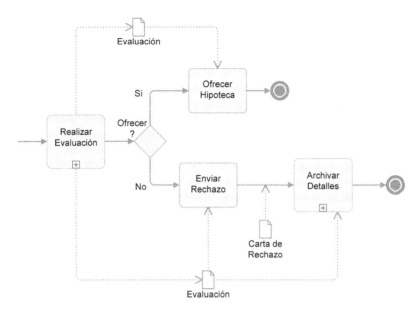

Figura 5-10—Representando documentos en el Proceso

Los Objetos de Datos existen afuera del Flujo de Secuencia del Proceso, sin embargo están disponibles a todos los *flujos de objetos* en una determinada *instancia* de Proceso. Los *flujos de datos* pasan información desde o hacia una Actividad. Evidentemente, el mecanismo de implementación utilizado en un sistema dado será específico a la plataforma utilizada para dar soporte al proceso.

La Figura 5-10 muestra dos maneras diferentes de mostrar los *flujo de datos*. El Objeto de Datos "Evaluación" es una salida del Sub-Proceso "Realizar Evaluación" utilizando un conector de Asociación. El Objeto de Datos "Evaluación" es también una *entrada* al Sub-Proceso "Archivar Detalles". Las cabezas de las flechas en la Asociación indican la dirección del *flujo de datos*.

El Objeto de Datos "Carta de Rechazo" está adjunto al flujo de Secuencia entre "Enviar Rechazo" y "Archivar Detalles". Esto es una abreviación utilizada cuando *el flujo de datos* está entre dos Actividades que se siguen.

Otra sutil implicación de los *flujos de datos de entrada* es que le dicen al lector que estos Objetos de Datos tienen que estar disponibles para que las Tareas puedan empezar. Por ejemplo, cuando el Flujo de Secuencia llega a la Tarea "Enviar Rechazo", se establece el *estado* de la Actividad en *lista*. Esta lista para empezar, pero no puede empezar hasta que todas sus entradas (el Objeto de Datos "Evaluación) estén disponibles.[13]

Más detalles en cada elemento introducido se encuentran disponibles en la Sección de Referencia de BPMN:

---

[13] En realidad, es técnicamente posible establecer los atributos de la Actividad para que le permitan iniciar y disponer de Objetos de Datos actualizados mientras que la Actividad esta en progreso.

- Objetos de Datos en la página 153.
- Asociación en la página 164.
- Discusión superficial del El Ciclo de Vida de una Actividad en la página 171.

Coordinando Hilos de Actividad Paralelos

Volviendo a los procesos de Mortgage Co, hasta ahora hemos evitado un componente clave de su negocio—realizar evaluaciones sobre las hipotecas y su viabilidad.

El Sub-Proceso "Realizar Evaluación" es donde el trabajo real del Proceso sucede. Contenido dentro de esa Actividad hay varios Sub-Procesos que necesitan ejecutarse en paralelo; la verificación de crédito, la búsqueda del título de propiedad y el estudio de la propiedad.

El problema es que Mortgage Co también necesita mantener sus costos bajos y al mismo tiempo responder tan rápido como pueda a los pedidos de los clientes. Por lo tanto, tienen equipos que necesitan realizar actividades en paralelo manteniendo la habilidad para comunicarse con los otros equipos si algún equipo encuentra un problema que invalide la hipoteca. Anteriormente, intentaron utilizar el email para ello, pero lo encontraron ineficiente y proclive a que los casos se les escapen.

Si bien el detalle de cada uno de estos Sub-Procesos no es tan importante en este punto, la cuestión clave a observar es que un mal resultado en cualquiera de estas áreas invalidará la hipoteca (o al menos que el trabajo en las otras áreas debe detenerse).

Por supuesto, un buen resultado en cualquiera de estas áreas significa que se puede comenzar inmediatamente a preparar los documentos de oferta de la hipoteca, pero ese trabajo debe detenerse si un resultado negativo es obtenido en alguna de las otras áreas. De esta forma Mortgage Co consigue tanta eficiencia como pueda al mismo tiempo que reduce los tiempos de ciclo del proceso.

Hay otra manera de manejar la comunicación en BPMN. En lugar de un *mensaje* dirigido (que tiene que ir a un *participante* particular), o un Flujo de Secuencia (que no puede cruzar los límites de un Pool o un Sub-Proceso); las *Señales* ofrecen una capacidad de comunicación entre procesos. Pueden operar dentro de un Proceso o entre Pools y pueden cruzar los límites de los Procesos—Piensen en ellas como una señal de bengala o una sirena de incendios. No están dirigidas a un destinatario específico, en lugar de ello todos los que estén interesados pueden mirar/escuchar y detectar la *señal* y actuar en consecuencia.

Los Eventos Intermedios de tipo Señal tienen dos modos de operación. O bien envían *señales* o las escuchan. En la Figura 5-11 más adelante, todos los Eventos Intermedios de tipo Señal están ajustados para escuchar (todos están en el Sub-Proceso en la parte de abajo "Preparar Carta de Ofrecimiento"). Es decir, *capturan* la Señal enviada por un evento de fin de señal. Todos los Eventos de Fin de tipo Señal envían *señales*—es decir *lanzan* la *señal*.

Cuando el evento intermedio es de recepción, el icono en el centro de la figura esta vació, sin rellenar (como en un evento de inicio) cuando el evento se utiliza para lanzar el disparador o el icono esta relleno.

Por supuesto, un Evento Intermedio de tipo Señal también puede *lanzar* (en cuyo caso tendrá dos finas líneas concéntricas con un triangulo sólido en el centro)

De hecho, todos los Eventos disparadores (Inicio, Intermedio y Fin), *capturan* o *lanzan*. Esto es inherente a lo que son los Eventos.

Todos los Eventos de Inicio *capturan*—Es decir, solo pueden recibir *disparadores de entrada*. No tiene sentido que un Evento de Inicio envíe, este responde a un evento que sucede. De cierta forma es detectado y esto es lo que dispara al Evento. Los marcadores para todos los Eventos de Inicio están rellenos de blanco.

Todos los Eventos de Fin *lanzan*—solo pueden activar disparadores que otros eventos *capturen*. Los Eventos de Fin no pueden detectar cosas que suceden (¿Que harán con ellos, están al final?). En lugar de ello pueden crear Eventos a los que otros responden. Los marcadores para los Eventos de Fin están rellenos de negro.

Dependiendo del tipo de Evento Intermedio y de su contexto de uso, el Evento *captura* o *lanza* (o ambos) al *disparador*. Algunos Eventos Intermediarios siempre vienen en pares; otros operan independientes. El Evento Intermediario de *capturar* esta relleno de blanco y el Evento Intermediario de *lanzar* esta relleno de negro.

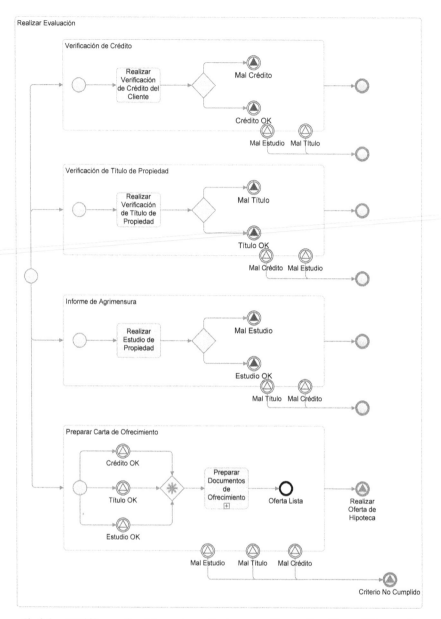

Figura 5-11—Utilizando Eventos Intermedios de tipo Mensaje para comunicarse

En Figura 5-11 anterior, se establecieron los Eventos Intermedios de tipo Señal para *capturar* la difusión de los Eventos de Fin de los tres primeros Procesos (resultados "Crédito OK", "Título OK" y "Estudio OK). Si ocurre un Evento "Mal Estudio", "Mal Crédito" o "Mal Título", este disparará uno de los Eventos Intermedios adjuntos en los bordes de cada uno de los Sub-Procesos interrumpiendo todo el trabajo que se estaba realizando.

El Sub-Proceso "Preparar Carta de Ofrecimiento" empieza con los otros tres Sub-Procesos, pero luego espera que alguna de estas *señales* ocurra. Tan pronto como una suceda (detectada por el Evento Intermediario de tipo Señal), el Proceso se mueve al Gateway complejo (diamante con un asterisco oscuro en el centro). Este Gateway Complejo se utiliza para mezclar el Flujo de Secuencia de estos tres Eventos Intermedios.

Un Gateway Complejo permite al modelador capturar comportamiento que no existe en los otros Gateways. Piense en ello como una advertencia de que aquí es probable que en el sistema se deba escribir código o reglas complejas. En este caso, el Sub-Proceso "Preparar Documentos de Ofrecimiento" puede empezar una vez que se detecten alguna de estas tres *señales*. Pero si otras *señales* son detectadas, no es requerida una nueva instancia del Sub-Proceso. Un Gateway Exclusivo normal resultaría en la duplicación de las *instancias* de proceso con cada Evento sucedido.

Si se dispara un Evento Intermedio de tipo Señal "Mal Estudio", "Mal Título" o "Mal Crédito", entonces se interrumpe al Sub-Proceso "Preparar Carta de Ofrecimiento" desencadenando la ejecución del Evento de Fin de tipo Señal "Criterio No Cumplido". Asumiendo que nada de esto suceda, se completa normalmente el Sub-Proceso "Realizar Evaluación" con un Evento de Fin de tipo Señal "Realizar Oferta de Hipoteca".

El Sub-Proceso "Realizar Evaluación" (*expandido* en la Figura 5-11 adelante, pero *colapsado* nuevamente en la Figura 5-12), enviará una de las dos señales de nuevo al Proceso *padre*: "Realizar Oferta de Hipoteca" o "Criterio no Cumplido".

La decisión (utilizando un Gateway Basado en Eventos) de ofrecer una hipoteca opera en paralelo con el Sub-Proceso "Realizar Evaluación". Espera por la señal "Realizar Oferta de Hipoteca" o "Criterio no Cumplido" (*lanzado* por el Sub-Proceso). Si el Gateway Basado en Eventos estuviera en línea después del Sub-Proceso "Realizar Evaluación", entonces las *señales* se dispararían antes de que el *padre* estuviera pronto para ellas (en cuyo caso serían ignoradas).

Observe también que el Sub-Proceso "Realizar Evaluación" va a un Evento de Fin de tipo Simple—ese hilo finalizará sin afectar ninguna de las ramas del Gateway Basado en Eventos "Ofrecer?".[14]

---

[14] Técnicamente, las señales se disparan al final del sub-proceso que es al mismo tiempo que el Gateway de Eventos se dispara, por lo que la *señal* será probablemente detectada. Este modelo se dibuja en paralelo para asegurarse de que el comportamiento requerido ocurra.

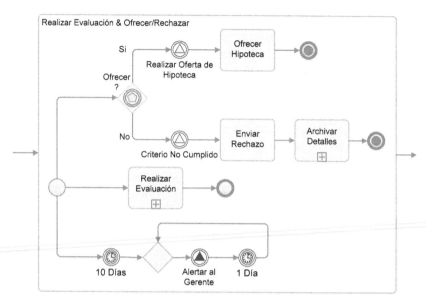

Figura 5-12—Una revisión del Sub-Proceso "Realizar Evaluación y Ofertar/Rechazar"

Aquí las *señales* comunican a diferentes niveles del Proceso (Entre Sub-Procesos y el Proceso *padre*). Sin el uso de la *señal*, la coordinación dependería de datos del Proceso (y de un Gateway Exclusivo). Al final, es una cuestión de elección personal—es decir, una decisión de modelado.

Mas detalles en cada elemento introducido se encuentran disponibles en la Sección de Referencia de BPMN:

- Eventos Intermedios Señal en la página 103.
- Comportamiento de un Evento Intermedio en la página 92.
- Eventos de Fin en la página 117.
- Evento de Fin Señal en la página 121.
- Comportamiento Unificador de un Gateway Complejo en la página 145.
- Comportamiento Unificador de un Gateway Exclusivo en la página 131.

Ejercicio 3

Otro rompecabezas, reflexione cuidadosamente sobre todas las cosas cubiertas en este libro hasta ahora:

En Noviembre de cada año, la Unidad de Coordinación en la Autoridad de Planificación de la Ciudad elabora un calendario de reuniones para el próximo año calendario y agrega fechas tentativas en todos los calendarios. El Oficial de Soporte verifica las fechas y sugiere modificaciones. La Unidad de Coordinación verifica nuevamente las fechas y busca potenciales conflictos. El calendario final de reuniones es enviado a todos los Miembros del Comité independientes, quienes verifican sus agendas y avisan a la Unidad de Coordinación de cualquier conflicto. Una vez que la Unidad de Coordinación estableció las fechas definitivas, el Oficial de Soporte actualiza todos los calendarios grupales y crea carpetas para cada reunión y se asegura que todos los documentos apropiados estén subidos en el sistema. Se avisa a los Miembros del Comité una semana antes de cada reunión de leer todos los documentos relacionados. Los Miembros del Comité tienen sus reuniones, y luego el Oficial de Soporte produce las minutas incluyendo los Puntos de Acción para cada Miembro del Comité. Dentro de 5 días hábiles la Unidad de Coordinación debe realizar una verificación QA sobre las minutas que le son enviadas a los Miembros del Comité. Luego el Oficial de Soporte actualiza todos los registros departamentales.

Otro Enfoque para la Escalada

Volviendo a la alerta de no interrupción necesitada, (para el gerente, discutida para el modelo en la Figura 5-8), es poco probable que el Gerente trabaje para una entidad de negocio externa, por lo tanto la Tarea no es una Tarea de Envío.

En la Figura 5-12 anterior también se utilizó un Evento Intermedio de tipo Señal para iniciar (*lanzar*) la interacción con el rol de Gerente. En la Figura 5-13, existe un Evento Intermedio de tipo Señal correspondiente en el Carril del Gerente para escuchar tal escalada—es decir, está esperando para *capturar*. En este caso, el Evento Intermedio de tipo Señal soporta la comunicación al mismo nivel dentro de un único Pool, pero a través de dos carriles.

La Figura 5-13 provee otro enfoque alternativo al problema de la no interrupción. También proporciona una visión general del proceso desarrollado hasta la fecha.

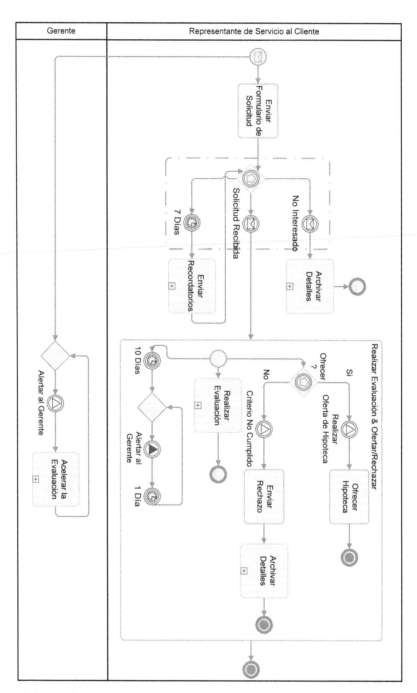

Figura 5-13—El Proceso Completo empleando dos Carriles para representar al Representante de Servicio al Cliente y al Gerente, haciendo uso de Eventos de tipo Señal para coordinar la decisión de ofertar con el Sub-Proceso de la Figura 5-11

Más de Una Respuesta Correcta

Al igual que en las decisiones adoptadas por el modelador (que detalles incluir y como presentarlo), las decisiones adoptadas dentro de un proceso no siempre tienen una sola respuesta correcta.

Considere a Mortgage Co mientras compila los documentos de oferta para sus clientes. Dependiendo de la hipoteca solicitada se requieren diferentes tipos de documentos. Por lo tanto un Proceso de solicitud de hipoteca necesita mecanismos para diferenciar que sub-conjunto de documentos incluir—asumamos una propuesta principal mas cualquier cantidad de suplementos.

El detalle preciso de cada regla no es nuestra preocupación aquí, pero proveer un Proceso de telón de fondo para esas decisiones no es fácil si el modelador se restringe a Gateways Exclusivos. Los modelos de Proceso se convertirían en excesivamente complejos y difíciles de seguir.

BPMN proporciona un par de mecanismos para manejar este tipo de desafíos. El Gateway Inclusivo permite decisiones donde todas las *condiciones* de los Flujos de Secuencia *de salida* que evalúen a *verdadero* se activen. Esto está en marcado contraste contra el Gateway Exclusivo donde solo la primera *condición* que se evalúe en *verdadero* se activa (todas las otras son ignoradas)

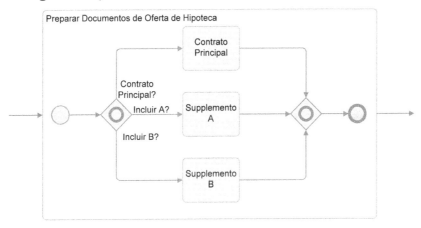

Figura 5-14—Lidiando con decisiones que tengan más de una respuesta correcta

El Gateway Inclusivo divisor tiene un círculo en el centro para indicar que cada Flujo de Secuencia *de salida* es evaluado. Si devuelve un valor *verdadero* entonces se activa el Flujo de Secuencia.

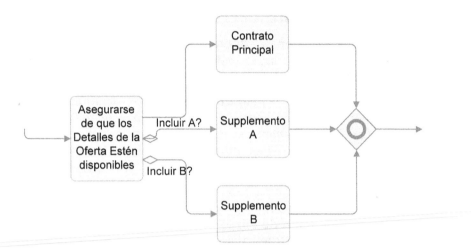

Figura 5-15—Uitlizando Flujos de Secuencia Condicionales

Observe que tanto la Figura 5-14 y Figura 5-15 utilizan un Gateway Inclusivo *mezclador* para asegurarse que la cantidad correcta de Flujos de Secuencia se unan de forma correcta. Si bien no existe una exigencia de que los flujos *salientes* de un Gateway Inclusivo se unan (puede cada uno seguir caminos independientes y nunca unirse nuevamente), si la intención es juntarlos, entonces se necesita un Gateway Inclusivo *mezclador*. Si se utilizara un Gateway Paralelo, entonces se esperaría un Flujo de Secuencia *de entrada* en todos los caminos. Si se utiliza un Gateway Exclusivo, de ninguna manera se mezclarían los caminos; en cambio cada camino pasaría a través.

Más detalles en cada elemento introducido se encuentran disponibles en la Sección de Referencia de BPMN:

- Gateways Inclusivos en la página 140.
- Flujo de Secuencia Condicional en la página 160.

Ejercicio 4

Luego de recibido el Informe de Gastos, se debe crear una nueva cuenta si el empleado todavía no tiene una. El informe es entonces revisado para la aprobación automática. Montos por debajo de $200 se aprueban automáticamente, mientras que montos iguales o mayores a $200 requieren la aprobación de un supervisor.

En el caso de rechazo, el empleado debe recibir una notificación de rechazo por email. El reembolso va a la cuenta bancaria de depósito directo del empleado. Si el pedido no se completa en 7 días, entonces el empleado debe recibir un email de "aprobación en progreso".

Si el pedido no finaliza en 30 días, entonces el proceso para y el empleado recibe una notificación de cancelación por email y debe volver a presentar el Informe de Gastos.

Ejercicio 5

Luego de que empieza el Proceso se ejecuta una Tarea para localizar y distribuir todos los diseños existentes, tanto eléctricos como físicos. A continuación, el diseño de los sistemas eléctricos y físicos empiezan en paralelo. Cualquier Diseño Eléctrico o Físico existente o anterior es una entrada de ambas Actividades. El desarrollo de ambos diseños se interrumpe en el caso de una actualización exitosa del otro diseño. Si se interrumpe, entonces se para todo el trabajo que se esté realizando y el diseño debe reiniciarse.

En cada departamento (Diseño Eléctrico y Diseño Físico), se verifica cualquier diseño existente, resultando en un Plan de Actualización de sus respectivos diseños (es decir, uno en el Eléctrico y otro en el Físico). Utilizando el Plan de Actualización y el Borrador del Diseño Físico/Eléctrico, se crea una revisión del diseño. Una vez finalizada la revisión del diseño, se lo prueba. Si el diseño falla en las prueba, entonces se lo envía de vuelta a la primer Actividad (en el departamento) para examinarlo y crear un nuevo Plan de Actualización. Si el diseño pasa la prueba, entonces se le dice al otro departamento que tiene que reiniciar su trabajo.

Cuando ambos diseños han sido revisados, se combinan y prueban. Si el diseño combinado falla la prueba, entonces se los envía a ambos de vuelta al principio para iniciar otro ciclo de diseño. Si los diseños pasas la prueba, entonces se consideran completos y se los envía al Proceso de fabricación [un Proceso separado][15]

---

[15] Respuestas de ejemplo a estos ejercicios estarán disponibles en línea en http://www.bpmnreferenceguide.com/

Sección de Referencia de BPMN

Capítulo 6.   Introducción a la Referencia de BPMN

Esta Sección provee una amplia referencia autosuficiente para modeladores en BPMN. Nuestra hipótesis es que el lector se referirá a esta sección de vez en cuando, por lo tanto, la sección de referencia se organiza conceptualmente, pasando por todos los aspectos de comportamiento de un tipo particular de elemento de BPMN de un modo lógico.

A medida que introducimos cada capítulo, hemos tratado de resaltar los aspectos que interesarán al Analista de Negocio y al Usuario Final (denominados como "Básicos"). Estos se diferencian de los aspectos más complejos que atraerán a aquellos que están buscando ejecutar o simular los procesos (denominados como "Avanzados"). También hemos tratado de destacar las mejores prácticas que ayudarán al modelador evitar modelos incorrectos o confusos.

Recuerden que en este libro nos hemos referido a los elementos gráficos de BPMN con Iníciales Mayúsculas. Cuando se referencia un concepto importante (que no es un elemento gráfico de BPMN), hemos utilizado *cursiva* en la frase.

A lo largo de este libro, utilizamos el concepto de un *"token"* para explicar algunos de los comportamientos subyacentes de un modelo de BPMN. Piense en *tokens* como si estuvieran en movimiento a lo largo del Flujo de Secuencia y pasando por los otros objetos del proceso. Como grupo, estos otros objetos (Eventos, Actividades, y Gateways) se llaman *objetos de flujo*.

Un *token* es un objeto "teórico" que utilizamos para crear una "simulación" descriptiva del comportamiento (no es actualmente una parte formal de la especificación de BPMN). Mediante este mecanismo, la ejecución del proceso (y de sus elementos) se representa mediante la descripción de cómo *tokens* teóricos viajan (o no viajan) por los caminos de Flujo de Secuencia y a través de los *objetos de flujo*.

Un *token* atraviesa Flujos de Secuencia, desde el principio hasta el final (hasta la punta de flecha), de forma instantánea (ver Figura 6-1). Es decir, no hay un tiempo asociado con el *token* viajando por los Flujos de Secuencia.

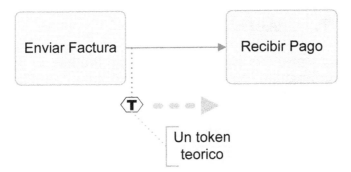

Figura 6-1—Un token viajando por un Flujo de Secuencia

Cuando un *token* llega a un *objeto de flujo*, puede continuar instantáneamente o retrasarse, dependiendo de la naturaleza del *objeto de flujo*.
Discutiremos como nuestros *tokens* teóricos interactúan con cada tipo de
objeto de flujo. El flujo de un *token* entre *objetos de flujo*, mientras operan
normalmente, se conoce como *flujo normal*. Sin embargo, ocasionalmente
una Actividad no operará normalmente. Puede ser interrumpida por un
error u otro Evento, y el flujo resultante se conoce como *flujo de excepción* (ver sección "Interrupción de Actividades mediante Eventos" en la
página 94 para más detalle en el *flujo de excepción*).

Capítulo 7.   Actividades

Una Actividad representa algo realizado en un Proceso de Negocio. Tiene una forma rectangular con esquinas redondeadas (ver Figura 7-1 and Figura 7-2). Una Actividad tomará normalmente cierto tiempo para ejecutarse, involucrará uno o más recursos de la organización, por lo general requerirá de algún tipo de *entrada*, y producirá algún tipo de *salida*.

Las Actividades son *atómicas* (es decir, son el nivel más bajo de detalle presentado en el diagrama) o son *compuestas* (es decir, no son *atómicas*, en el sentido de que se pueden expandir para ver otro nivel inferior de proceso. El tipo de Actividad *atómica* se conoce como Tarea y puede ser visto en la Figura 7-1.

```
┌────────────┐
│            │
│   Tarea    │
│            │
└────────────┘
```

Figura 7-1—Una Tarea

El tipo compuesto de Actividad se llama Sub-Proceso (ver Figura 7-2). La diferencia gráfica entre una Tarea y un Sub-Proceso es que el Sub-Proceso tiene un "signo de más" colocado en la parte inferior central de la forma, lo que indica se puede abrir para más detalles.

Figura 7-2—Un Sub-Proceso

Dependiendo de la herramienta de modelado de proceso, hacer clic o doble clic puede expandir el diagrama del Sub-Proceso en el lugar o abrir otra ventana. Hacer doble clic en una Tarea podría también traer más información, como la asignación de roles u otros atributos de la Actividad.[16]

Las Actividades pueden ejecutarse una vez, o pueden tener definidos bucles internos. Una Tarea individual con un ícono de bucle (ver Figura 7-3) puede definir condiciones adicionales para que la Tarea se ejecute correctamente, por ejemplo, que se complete una *salida* en un formato adecuado. Más sobre las Actividades Bucle en la página 40.

---

[16] BPMN uses attributes to store information about the Process (not shown graphically).

Figura 7-3—Una Tarea con un bucle interno

Tareas

Utilice una tarea cuando el detalle del proceso no se descompone aún más, aunque eso no significa que el comportamiento de la tarea no es complejo. En teoría, una tarea siempre puede dividirse en un mayor nivel de detalle. Sin embargo, a los efectos del modelo no se define con mayor detalle.

Hay siete tipos de Tareas especializadas:

- **Simple**—A Una Tarea genérica o indefinida, de uso frecuente durante las primeras etapas del desarrollo del proceso.
- **Manual**—Una Tarea no automatizada que un intérprete humano realiza fuera del control de un motor de workflow o BPM.
- **Recibo**—Espera que le llegue un *mensaje* de un *participante* externo (relacionado al Proceso de Negocio). Una vez recibida la Tarea es completada. Estas son similares en naturaleza a los Eventos de tipo Mensaje de captura (página 101).
- **Script**—Ejecuta un script definido por el modelador.
- **Envío**—Envía un *mensaje* a un *participante* externo. Estas son similares en naturaleza a los Eventos de tipo Mensaje de *lanzamiento* (página 101).
- **Servicio**—Enlaza a algún tipo de servicio, que puede ser un servicio Web o una aplicación automatizada.
- **Usuario**—Una Tarea típica de "flujo de trabajo" donde un intérprete humano lleva a cabo una tarea con la ayuda de una aplicación de software (generalmente programadas mediante un administrador de lista o una Bandeja de Entrada de cierto tipo)

Desde el punto de vista del Analista de Negocio, la única tarea básica es la tipo de Tarea Común. Todos los otros tipos de Tareas son para usos más avanzados de BPMN.

Dependiendo de la herramienta utilizada, expandir una Tarea puede revelar información detallada como la asignación de roles u otros atributos (presentados en un cuadro de dialogo).

Además, diferentes herramientas de modelado de proceso pueden extender BPMN adicionando marcadores gráficos a la Tarea para ayudar a distinguir entre los diferentes tipos de Tareas. Cualquier marcador agregado a una Tarea no debe cambiar la huella de la Tarea (su forma en general) o entrar en conflicto con ningún otro elemento estándar de BPMN. Está es una regla general para extender BPMN.

Mejor Práctica:

> **Enviando y Recibiendo Mensajes**—*El modelador puede elegir utilizar solo Tareas de Envío y Recibo, o utilizar los Eventos Intermedios de Mensaje de lanzar y capturar. La Mejor Práctica es la de evitar mezclar ambos enfoques en el mismo modelo.*
>
> *Ambos enfoques tienen ventajas y desventajas. Los Eventos Intermedios de tipo Mensaje dan el mismo resultado y tienen la ventaja de ser distinguibles gráficamente (mientras que las tareas no lo son). Por otra parte, utilizar Tareas en lugar de Eventos puede permitir al modelador asignar recursos y simular costos.*

Sub-Procesos

Un Sub-Proceso representa una Actividad *compuesta*. En este sentido, "compuesta" significa que su trabajo puede dividirse en un nivel más fino de detalle (por ejemplo, otro Proceso). De esta forma, es posible obtener un modelo de Proceso "jerárquico" con diferentes niveles de detalle en cada nivel.

Hay dos representaciones gráficas de los Sub-Procesos:

- **Colapsada**—Esta versión del Sub-Proceso se ve como una Tarea (un rectángulo con esquinas redondeadas) con la adición de un signo de más en la parte central inferior (ver Figura 7-4). Los detalles del Sub-Proceso no son visible en el diagrama.

Figura 7-4—Un Sub-Proceso colapsado (los detalles escondidos)

- **Expandida**—Esta versión de la forma del Sub-Proceso es "estirada" y abierta para que los detalles del Sub-Proceso sean visibles dentro de los límites de la forma (ver Figura 7-5). En este caso no hay ningún marcador en la parte inferior central de la forma. Sin embargo, algunas herramientas de modelado de procesos colocan un pequeño signo de menos en la parte inferior central de la forma para indicar que el Sub-Proceso puede ser colapsado. Esto no es parte del estándar BPMN, pero es una extensión válida.

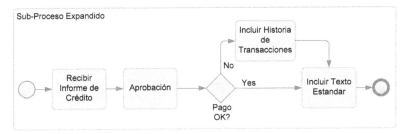

Figura 7-5—Un Sub-Proceso *expandido* (los detalles visibles)

Tipos de Sub-Procesos

Hay dos tipos de Sub-Procesos:

- **Embebidos**—Un Proceso modelado que en realidad es parte del Proceso *padre*. Los Sub-Procesos Embebidos no son reutilizables por otros procesos. Todos los "datos relevantes del proceso" utilizados en el Proceso *padre* son directamente accesibles por el Sub-Proceso *embebido* (porque es parte del *padre*).
- **Reutilizable**—Un Proceso modelado por separado que puede ser utilizado en múltiples contextos (por ejemplo, la comprobación del crédito de un cliente). Los "datos relevantes del proceso", del Proceso padre (que está llamando) no están disponibles automáticamente al Sub-Proceso. Todos los datos deben ser transferidos específicamente, algunas veces reformateados, entre el *padre* y el Sub-Proceso. Tenga en cuenta que el nombre "Reutilizable" se cambió de "Independiente" en BPMN 1.1.

Dependiendo de la herramienta o de la preferencia del modelador, los diagramas de Sub-Procesos pueden expandirse en el lugar o abrir otro diagrama.

La distinción entre embebido y *reutilizable* no es importante para la mayoría de los modeladores. Sin embargo, a medida que las organizaciones desarrollan un gran número modelos de procesos, algunos de los cuales quieren reutilizar, la diferencia se hace más importante—particularmente al considerar como los datos se utilizan a través de los niveles del Proceso. Estas diferencias se vuelven aún más importantes para las organizaciones que buscan utilizar sus procesos en una suite de BPM, o en una Arquitectura Orientada a Servicios.

Sub-Procesos Embebidos

Un Sub-Proceso *embebido* es "parte de" el proceso. Es decir, pertenece solo al Proceso *padre* y no está disponible para ningún otro Proceso. Además, el 'alcance' de un Sub-Proceso *embebido* es 'local' al Proceso *padre* ya que puede utilizar datos que están almacenados con el Proceso *padre* sin la necesidad de mapeo o traducción. Por ejemplo, si datos como "Nombre del Cliente" o "Número de Orden" son parte del Proceso *padre*, entonces actividades dentro del Sub-Proceso *embebido* tendrán acceso a estos datos directamente (sin ningún mapeo especial entre los elementos).

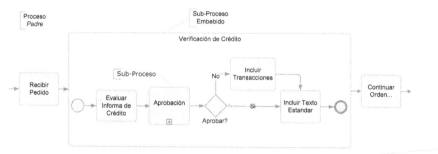

Figura 7-6—Un Sub-Proceso *embebido*

Una característica especial de un Sub-Proceso *embebido* es que solo puede empezar con un Evento de Inicio de tipo Simple—por ejemplo, sin un *disparador* explícito como un mensaje (ver Figura 7-6 arriba). Solo los Procesos de Mayor Nivel pueden hacer uso de los Eventos de Inicio basados en *disparadores*. La razón es que el token que llega del Proceso *padre* actúa como el *disparador* del Sub-Proceso.

Sub-Procesos Reutilizables

Como lo indica su nombre, un Sub-Proceso *reutilizable* puede aparecer en múltiples Procesos *padre*—no es una "parte de" el Proceso cuando es instanciado. El Sub-Proceso *reutilizable* es un conjunto auto contenido de Actividades. Proporciona un mecanismo de referencia de tal manera de que un único Proceso o servicio (en un Arquitectura Orientada a Servicio) esté disponible para cualquier número de procesos que puedan invocarlo.

Estos Sub-Procesos *reutilizables* son "semiindependientes" del Proceso *padre* y pueden aparecer, sin cambios, en varios diagramas. Por ejemplo, la Figura 7-6 arriba, muestra un Sub-Proceso de "Verificación de Crédito" que podría figurar en muchos Procesos en los que el crédito de un cliente necesite ser verificado.

No hay diferencia gráfica entre los Sub-Procesos *embebidos* y *reutilizables*. La diferencia es puramente técnica—las herramientas los manejan de diferentes formas. Sin embargo, esperamos que BPMN 2.0 provea una distinción gráfica entre estos dos tipos de Sub-Procesos.

Al igual que un Sub-Proceso embebido, un Sub-Proceso reutilizable debe tener un Evento de Inicio de tipo Simple. Del mismo modo, el *token* del Proceso *padre* es el disparador para el inicio de cualquier Sub-Proceso.

Como un Sub-Proceso *reutilizable* típicamente proporciona una capacidad bien definida (por ejemplo la verificación de crédito), también podría actuar como un Sub-Proceso de alto nivel. En cuyo caso, podría tener un Evento de Inicio como disparador cargado para este propósito (ver Figura 7-7). Cada vez que se inicia un Proceso con un Evento de Inicio *basado en un disparador* (por ejemplo, por un mensaje), creará un nuevo contex-

to—es decir, es decir un nuevo proceso de alto nivel, no un Sub-Proceso.
En esta situación, el Sub-Proceso tendrá por lo menos dos Eventos de
Inicio (como un Evento de Inicio de tipo Simple siempre se requiere en un
Sub-Proceso)

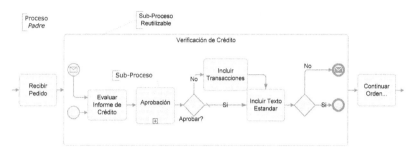

Figura 7-7—Un Sub-Proceso *Reutilizable* también puede ser un Proceso de *Alto Nivel*

Otra característica de un Sub-Proceso *reutilizable* es que los datos utilizados por el Sub-Proceso son totalmente independientes de los datos del Proceso *padre* que lo invoca. La capacidad de reutilización se basa en el hecho de que sus datos son totalmente auto contenidos. Por ejemplo, si el Proceso *padre* almacena y utiliza datos como "nombre del cliente" o "número de orden" y el Sub-Proceso *reutilizable* necesita acceder a estos datos, no puede referenciarlos directamente. Por lo tanto un mapeo es necesario para que el Sub-Proceso *reutilizable* pueda tener sus propias copias.

Esto se debe a que los Sub-Procesos *reutilizables* existen independientemente de cualquier Proceso *padre* en particular, y entonces, los nombres exactos de los elementos de datos pueden no corresponder exactamente. Por ejemplo, un Proceso *padre* puede haber nombrado un elemento de datos "nombre de cliente", y el Sub-Proceso *reutilizable* puede haber utilizado una convención para acortar el nombre a "nom_cli". Transferir datos desde el Proceso *padre* al Proceso *reutilizable* se basará en un "mapeo" entre los elementos de datos de los dos niveles. El mapeo es necesario tanto para la *entrada* como para la *salida* del Sub-Proceso *reutilizable*. El atributo *asignación* de las Actividades se encarga del mapeo de datos de entrada y de salida del Sub-Proceso (y de cualquier Actividad que lo necesite)

Este mapeo no es un elemento gráfico de BPMN, pero es importante cuando se trabaja en ambientes de ejecución o simulación. Si los elementos de datos tienen exactamente los mismos nombres, la herramienta de modelado de procesos puede tener funcionalidades para realizar este mapeo automáticamente. Sin embargo, si los elementos de datos tienen nombres diferentes, entonces el modelador tendrá que elegir los elementos de datos que se mapean (tal vez asistido por la herramienta de modelado)

Conectando Actividades

Como se describe en más detalle en la sección "Flujo de Secuencia" en la página 159, el Flujo de Secuencia conecta *objetos de flujo*, incluyendo Actividades. Cada Actividad puede tener uno o más Flujos de Secuencia *de entrada* y uno o más Flujos de Secuencia *de salida*.

Por lo general, una Actividad tendrá un único Flujo de Secuencia *de entrada* y *de salida* (ver Figura 7-8).

Figura 7-8—El Flujo de Secuencia conecta Tareas

Comportamiento de la Actividad

Como se discutió anteriormente, el flujo del Proceso está determinado por los caminos del Flujo de Secuencia. Cuando un *token* llega a una Actividad, esa Actividad está *lista* para comenzar (ver Figura 7-9). Nos referiremos al comienzo y la ejecución de una Actividad como la *instancia* de una Actividad. Una nueva *instancia* es creada cada vez que un *token* llega a una Actividad.

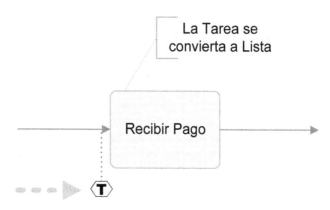

Figura 7-9—Un *token* llegando a una Tarea

La actividad seguirá *lista* (para ejecutarse) hasta que todos los requisitos definidos, como datos *de entrada*, se satisfagan. Luego la Actividad se ejecuta—es decir, se vuelve "*activa*" (ver Figura 7-10).

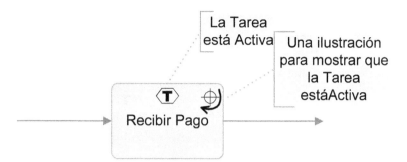

Figura 7-10—Un token dentro de una Tarea Activa (la cruz y la flecha curva dentro de la Actividad indican que está procesando)

Luego de que la instancia de la Actividad finalice, el *token* se mueve hacia el Flujo de Secuencia *de salida*, siguiendo el camino del Proceso (ver Figura 7-11). Para más detalles del ciclo de vida de una Actividad ver la página 171.

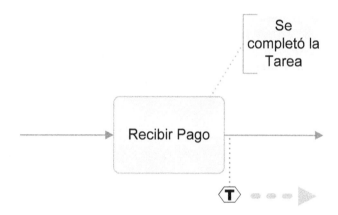

Figura 7-11—Un *token* dejando una Tarea completada

Con Flujos de Secuencia de Entrada Múltiples

Una Actividad puede tener múltiples Flujos de Secuencia *de entrada*. Cada Flujo de Secuencia *de entrada* es independiente de los otros Flujos de Secuencia *de entrada*. Esto significa que cuando llega un *token* de un Flujo de Secuencia de entrada, la Actividad está *lista* para comenzar (ver Figura 7-12). La Actividad no necesita esperar *tokens* de ningún otro Flujo de Secuencia *de entrada*.

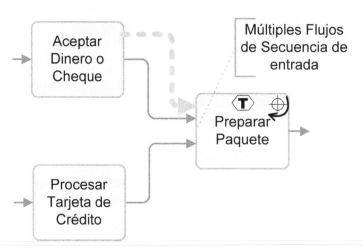

Figura 7-12—Un ejemplo de una Tarea con múltiples Flujos de Secuencia *de entrada*

Si otro *token* llega desde cualquier otro Flujo de Secuencia *de entrada* (ver Figura 7-13), entonces la Actividad queda *lista* para comenzar <u>otra vez</u>. *Instancias* independientes de la Actividad Preparar Paquete se ejecutan para cada *token* que llega a la Actividad. Técnicamente es posible tener dos o más *instancias* de la Actividad ejecutándose al mismo tiempo en el mismo Proceso.

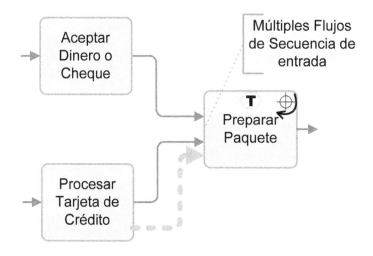

Figura 7-13—Un segundo Flujo de Secuencia *de entrada* generará otra *instancia* de la Actividad Preparar Paquete

Nota: Flujos de Secuencia *de entrada* múltiples para una Actividad representan un flujo incontrolado. Para controlar el flujo (por ejemplo, para que la actividad espere a los otros Flujos de Secuencia *de entrada*), utilice un Gateway Paralelo (ver sección "Gateway Paralelo Unificando" en la página 137 para más información).

Con Flujos de Secuencia de Salida Múltiples

Una Actividad puede tener múltiples Flujos de Secuencia *de salida*. Cada Flujo de Secuencia *de salida* es independiente de los otros Flujos de Secuencia *de salida*. Esto significa que cuando se completa la Actividad un *token* se mueve por <u>cada</u> Flujo de Secuencia *de salida* (ver Figura 7-14). Esto crea un conjunto de *tokens* paralelos. Esto mimetiza el comportamiento que resultaría de utilizar un Gateway Paralelo después de la Actividad (ver la sección titulada "Gateway Paralelo Dividiendo en la página 136).

Con el fin de seleccionar el Flujo de Secuencia *de salida* que obtendrá el *token(s)*, utilice un Gateway para controlar el flujo de los *tokens* (ver la sección "Gateways" en la página 126 para más información). También es posible filtrar la salida de los *tokens* colocando condiciones directamente en los Flujos de Secuencia *de salida* (ver la sección Flujo de Secuencia Condicional en la página 160 para más información).

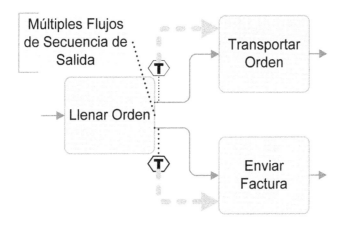

Figura 7-14—Un ejemplo de una Tarea con Flujos de Secuencia *de salida* múltiples

Bucles

Los bucles representan otro tipo de comportamiento de las Actividades. Hay tres formas diferentes de crear bucles en BPMN. Actividades Individuales pueden tener características de bucle como en la Figura 7-15, Flujos de Secuencia pueden modelar el bucle explícitamente como en la Figura 7-16.

Figura 7-15—Una Actividad con un bucle interno

En una Actividad es posible definir una *condición* de iteración que determina la cantidad de veces que se tiene que ejecutar esa Actividad. Hay dos variaciones para la iteración de las Actividades:

- **Bucle *Mientras*** (o Mientras-Hacer) —se muestra con un símbolo de bucle en la Actividad. La *condición* de iteración se verifica <u>antes</u> de que se ejecute la Actividad. Si la *condición* de iteración resulta ser verdadera, entonces se ejecuta la Actividad. Si no, la Actividad finaliza y el Proceso continua (un *token* se mueve por el Flujo de Secuencia *de salida*), incluso si la Actividad no se ejecuto nunca. Luego de que se ejecute la Actividad, la Actividad itera hacia atrás a verificar la *condición* de iteración nuevamente. El ciclo de verificar la *condición* de iteración y de ejecutar la Actividad continua hasta que la *condición* de iteración es Falsa.

- **Bucle *Hasta*** (o Hacer-Mientras) —también se muestra con el mismo símbolo de bucle en la Actividad. La *condición* de iteración se verifica <u>luego</u> de que la Actividad se ejecuta. Si la *condición* resulta ser verdadera, entonces la Actividad se ejecuta de nuevo. Si no, la Actividad finaliza y el Proceso continúa (un *token* se mueve por el Flujo de Secuencia *de salida*). El ciclo de verificar la *condición* de iteración y de ejecutar la Actividad continua hasta que la *condición* de iteración es Falsa.

Utilizando los atributos de las Actividades es posible establecer la máxima cantidad de iteraciones (*máximo de iteraciones*) para los bucles *hasta* y *mientras*. Luego de que la Actividad alcanzó el *máximo de iteraciones*, esta se detendrá (incluso si la *condición* de iteración aún es verdadera). La cantidad de veces que se ejecuta la Actividad se almacena en un atributo de *conteo de iteraciones* que se incrementa automáticamente en cada iteración. Algunas herramientas de modelado no soportan actualmente este tipo de funcionalidad.

La Figura 7-16 muestra una forma visualmente evidente de crear bucles utilizando Flujos de Secuencia para conectarse a un *objeto de flujo anterior*. Este tipo de bucle debe incluir un Gateway u ocurrirá un bucle infinito. El Gateway verifica la *condición* en la Flujo de Secuencia *de salida* para determinar si repetir la iteración.

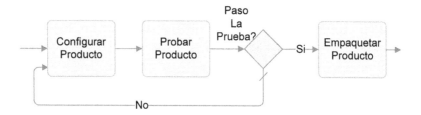

Figura 7-16—Un bucle mediante Flujo de Secuencia

Actividades Multi-Instancia

Un mecanismo sutilmente diferente se necesita para representar el comportamiento donde una Actividad debe ejecutarse varias veces con diferentes conjuntos de datos. Por ejemplo, cuando una gran empresa está comprobando los resultados financieros de todas las subsidiarias, es necesario llevar esto a cabo muchas veces.

Representada gráficamente con tres líneas verticales en la Actividad, la Actividad Multi-Instancia (o ParaCada) soporta este comportamiento. El punto clave a comprender aquí es que la Actividad no itera sobre sí misma; cada Ejecución de la Actividad es distinta de las otras (a pesar de que son parte del mismo Proceso).

Figura 7-17—Una Actividad Multi-Instancia

El valor del atributo de *condición* de iteración determina la cantidad de veces que la Actividad se ejecuta. Se verifica al inicio de la Actividad y luego la Actividad se "clona" esa cantidad de veces. La *condición* debe resolverse a un entero.

Las *instancias* individuales de una Actividad Multi-Instancia deben ocurrir en *secuencia* o en *paralelo*. Se dispone de atributos para controlar este comportamiento. Cuando este atributo se establece en "Paralelo", se dispone de un atributo adicional para controlar como estas *instancias* se combinan nuevamente. Las opciones (Ninguno, Uno, Todos o Complejo) son equivalentes a utilizar Gateways para controlar los hilos de ejecución paralelos de un Proceso.

En BPMN 1,1, el marcador de Multi-Instancia cambió de dos líneas verticales a tres líneas verticales. Las dos líneas verticales eran usualmente malinterpretadas como una condición de espera (se parecía demasiado a un símbolo de "pausa" en un reproductor de casete o CD)

Niveles de Proceso

En BPMN, es posible desarrollar estructuras jerárquicas para los Procesos a través del uso de uno o más niveles de Sub-Procesos. En este libro, nos referimos a un Proceso que contiene a un Sub-Proceso como el Proceso *padre* del Sub-Proceso. A la inversa, el Sub-Proceso es el *hijo* del Proceso que lo contiene.

Por supuesto, los modeladores pueden desear incluir un Sub-Proceso dentro de otro Sub-Proceso, creando tantos niveles como se necesite. Cada nivel es un Proceso completo. La Figura 7-18 proporciona un ejemplo de un Sub-Proceso incluido dentro de un Proceso *padre*.

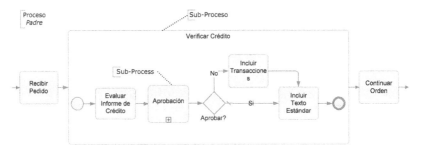

Figura 7-18—Un Proceso con Sub-Procesos: Mostrando tres niveles de Proceso

El Proceso que se muestra en la Figura 7-18 arriba tiene tres niveles de Proceso—la Actividad "Aprobación" en el Sub-Proceso "Verificar Crédito" es un Sub-Proceso en sí (*colapsado*)

Proceso de Alto Nivel

Cualquier Proceso que no tiene un Proceso *padre* se considera un Proceso de *alto nivel*—es decir, un Proceso que no es un Sub-Proceso es un Proceso de *alto nivel* (ver Figura 7-19).

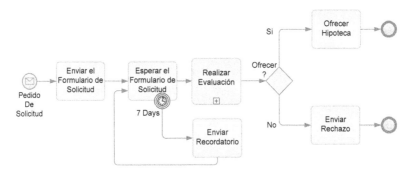

Figura 7-19—Un Proceso de *Alto Nivel*

La suposición es que un Proceso de alto nivel se dispara por cierto estímulo externo—es decir por fuera del alcance del Proceso. El disparador no siempre se modela y se utiliza un Evento de Inicio de tipo Simple. En otros casos, el Evento de Inicio mostrará el tipo de disparador utilizado para iniciar el Proceso. Por ejemplo, un Evento de Inicio de tipo Mensaje o un Evento de Inicio de tipo Temporizador (esta en la Figura 7-19, arriba).

Comportamiento Entre Niveles de Proceso

Para entender la forma en que interactúan los niveles de Proceso (entre los niveles) utilizamos *tokens* nuevamente. Cuando un token del Proceso *padre* llega a un Sub-Proceso (ver Figura 7-20), se invoca el Evento de Inicio de ese Sub-Proceso. Sin embargo, tenga en cuenta que el Flujo de Secuencia del Proceso *padre* no se extiende al Sub-Proceso. El Flujo de Secuencia del Proceso *padre* se conecta a los límites del Sub-Proceso y un conjunto diferente de Flujos de Secuencia y Actividades (un Proceso diferente) está contenido en el Sub-Proceso.

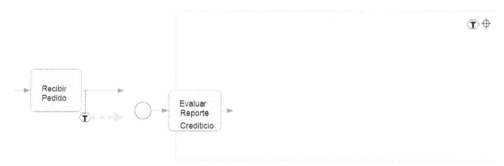

Figura 7-20—Un *token* de un Proceso *padre* llega a un Sub-Proceso (el resto del Sub-Proceso no está visible)

El del *Proceso padre* ahora reside en el Sub-Proceso (ver Figura 7-21). La presencia del *token* del *nivel del padre* en el Sub-Proceso dispara el Evento de Inicio, con lo que se inicia el trabajo del Sub-Proceso (el Sub-Proceso está ahora ejecutándose—esto se representa en la figura con el símbolo al lado del *token*). Un *token* del Proceso hijo es creado por el Evento de Inicio y este *token* se mueve hacia el Flujo de Secuencia *de salida* del Evento de Inicio del Sub-Proceso.

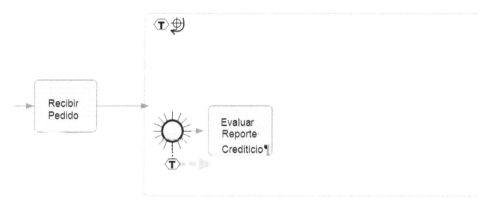

Figura 7-21—El Evento de Inicio del Sub-Proceso se dispara creando un *token* de menor nivel

Cuando el token del nivel del hijo alcanza al Evento de Fin del Sub-Proceso, el Evento de Fin se dispara (ver Figura 7-22). Esto significa que el Sub-Proceso culmino su trabajo (es decir, terminaron todas las Actividades del Sub-Proceso) y el *token* de *menor nivel* se consume.

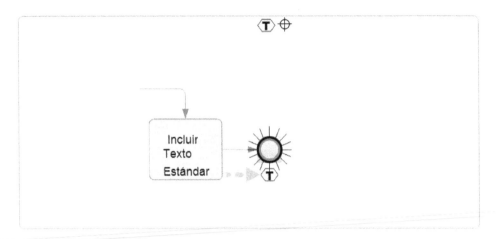

Figura 7-22—El *token* del Sub-Proceso llega al Evento de Fin

Sin embargo, un Sub-Proceso sigue estando activo hasta que todos los *hilos de ejecución* finalicen. En un ambiente de ejecución (Suite de BPM), el sistema puede rastrear cualquier trabajo pendiente de un par de maneras—ya sea rastreando los *tokens* o los estados de las Actividades dentro del sistema.

De cualquier manera, cuando el Sub-Proceso finaliza, el *token del nivel del padre* se mueve hacia el Flujo de Secuencia *de salida* del Sub-Proceso (ver Figura 7-23), continuando el flujo del Proceso *padre*.

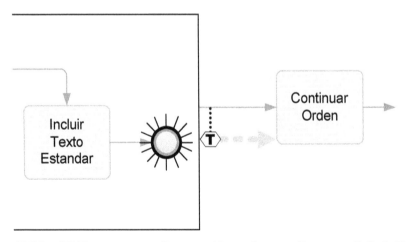

Figura 7-23—El Proceso *padre* continua luego de que el Sub-Proceso finaliza

Recuerde que aunque el Flujo de Secuencia no cruza los límites del Proceso (Pools o Sub-Procesos), los Flujos de Mensaje y las Asociaciones si pueden cruzar estos límites.

Conectando Sub-Procesos

Ya hemos hablado de como se conectan las Actividades (ver "Conectando Actividades" en la página 68). Como los Sub-Procesos son un tipo de actividad, entonces se aplican las mismas reglas de conexión. Sin embargo, existen más opciones cuando se conecta un Sub-Proceso *expandido* que cuando se conecta una Tarea.

Hasta ahora, hemos estudiado el mecanismo típico—conectando el Flujo de Secuencia a los límites del Sub-Proceso (ver Figura 7-24). El Evento de Inicio del Sub-Proceso está dentro de los límites y no está conectado al Flujo de Secuencia del Proceso *del nivel del padre*.

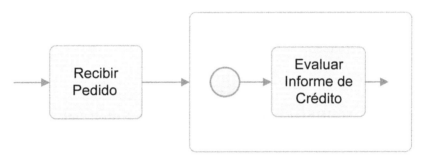

Figura 7-24—El Evento de Inicio está dentro del Sub-Proceso

Sin embargo, para proporcionar más claridad en la interacción del Proceso entre niveles, es posible ubicar el Evento de Inicio del Sub-Proceso <u>en su límite</u> y conectar el Flujo de Secuencia *de entrada* al Evento de Inicio (ver Figura 7-25). Esta capacidad es solo una conveniencia gráfica; de otra forma un Evento de Inicio no se ubicaría en los límites del Sub-Proceso. Teniendo en cuenta esto, el comportamieto de las dos versiones (Figura 7-24 y Figura 7-25) es exactamente el mismo.

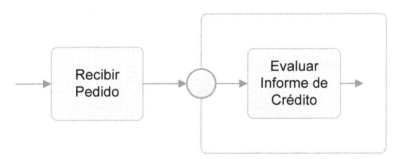

Figura 7-25—El Evento de Inicio en el límite

Sin embargo, si la relación entre el Proceso *padre* y el Sub-Proceso es más compleja, entonces la ubicación del Evento de Inicio en el límite del Sub-Proceso puede ayudar a clarificar el flujo entre el Flujo de Secuencia *de entrada* (al Sub-Proceso) y los Eventos de Inicio de ese Sub-Proceso.

En la Figura 7-26, el camino de un Flujo de Secuencia *de entrada* está dirigido a uno de los Eventos de Inicio del Sub-Proceso y el otro Flujo de Secuencia *de entrada* esta dirigido al otro Evento de Inicio.

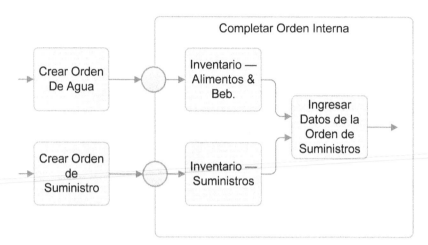

Figura 7-26—Múltiples caminos entran a un Sub-Proceso guiados por Eventos de Inicio en los límites

Esto significa que cuando un *token* llega desde la Tarea "Crear Orden de Agua" el Evento de arriba del Sub-Proceso se disparará (ver Figura 7-27).

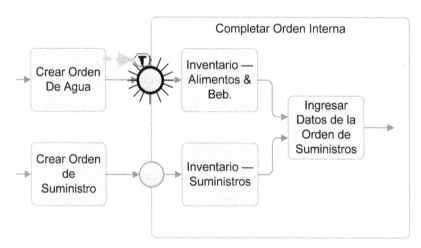

Figura 7-27—Múltiples caminos entran a un Sub-Proceso guiados por Eventos de Inicio en los límites

Sin embargo, cuando llega un *token* desde la Tarea "Crear Orden de Suministro" el Evento de abajo del Sub-Proceso se disparará (ver Figura 7-28).

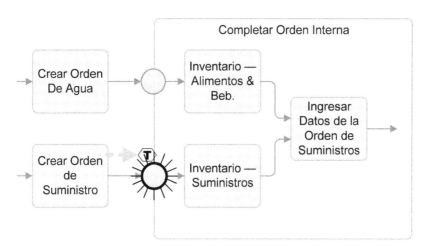

Figura 7-28—Múltiples caminos entran a un Sub-Proceso guiados por Eventos de Inicio en los límites

Tenga en cuenta que cada vez que se dispara un Evento de Inicio, se crea una nueva *instancia* del Sub-Proceso. Es decir, si existen una "Orden de Agua" y una "Orden de Suministro", entonces habrá dos *instancias* independientes del Sub-Proceso para cada orden. Dependiendo de la estructura *anterior* del Proceso, las dos *instancias* del Sub-Proceso podrían operar en paralelo como parte de una única *instancia* del Proceso padre. Alternativamente, podrían ser parte de dos *instancias* independientes del Proceso *padre* (si se hubiese utilizado un Gateway Exclusivo *anteriormente*)

En BPMN 1.1, existen algunos cambios técnicos para permitir que una herramienta de modelado soporte mejor estas conexiones lógicas (entre el Flujo de Secuencia del *padre* y los Eventos de Inicio del Sub-Proceso).

Capítulo 8.   Eventos

Un Evento es algo que "sucede" durante el curso de un Proceso. Estos Eventos afectan el flujo del Proceso y usualmente tienen un *disparador* o un *resultado*. Pueden iniciar, retrasar, interrumpir, o finalizar el flujo del Proceso.

Representado por círculos, el estilo del borde (línea única, línea doble, línea gruesa) indica el tipo. Los tres tipos de Eventos son:

- Evento de Inicio (línea fina única)
- Evento Intermedio (línea fina doble)
- Evento de Fin (línea gruesa única)

Las próximas tres secciones exploran estos tipos de Eventos, introduciendo las diferentes opciones disponibles.

Eventos de Inicio

Un Evento de Inicio muestra donde empieza un proceso. Un Evento de Inicio es un pequeño círculo abierto, con una única línea fina como límite (ver Figura 8-1).

Figura 8-1—Un Evento de Inicio

Hay diferentes tipos de Eventos de Inicio para indicar las diferentes circunstancias que pueden disparar el inicio de un Proceso. De hecho, estas circunstancias, como la llegada de un *mensaje* o un temporizador que se consumió, se llaman *disparadores*. Todos los Eventos de BPMN fueron diseñados para tener el centro abierto de tal forma que los marcadores para los diferentes tipos de *disparadores* de Eventos pudieran aparecer dentro de la forma del Evento. Un *disparador* no es necesario—esos detalles se pueden ocultar o añadir más tarde.

Hay seis tipos de Eventos de Inicio, cada uno con su propia representación gráfica. Los Eventos están divididos entre *básicos* y *avanzados*:

Eventos de Inicio Básicos (ver Figura 8-2):

- **Simple**—No se define ningún disparador.
- **Temporizador**—El *disparador* son una fecha y hora específicos, o un intervalo de tiempo regular (por ejemplo, el primer Viernes de cada mes a las 8am).
- **Mensaje**—El disparador es un *mensaje* que llega desde otra entidad de negocio o rol (*participante*). Por ejemplo, un cliente pide una verificación de su cuenta.
- **Señal**—El *disparador* es una *señal* difundida desde otro proceso. Por ejemplo, un Proceso difunde un cambio en la Tasa de Interés,

disparando cierta cantidad de procesos a iniciarse como resultado.[17]

Eventos De Inicio Básicos
- Simple
- Temporizador
- Mensaje
- Señal

Figura 8-2—Eventos de Inicio de tipo Básico

Eventos de Inicio de tipo *Avanzado* (ver Figura 8-3):

- **Condicional**—El *disparador* es una *expresión de condición* que debe ser satisfecha para que empiece el Proceso.
- **Múltiple**—Define uno o más disparadores que puede ser cualquier combinación de *mensajes, temporizadores, condiciones o señales* (cualquiera de los cuales inicia un Proceso).

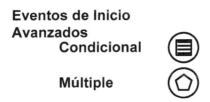

Eventos de Inicio Avanzados
- Condicional
- Múltiple

Figura 8-3—Eventos de Inicio de tipo *Avanzado*

Las herramientas de modelado también utilizan diferentes tipos de atributos estándar para registrar los detalles de cada tipo de Evento (no siempre visibles a nivel de diagrama).

Conectando Eventos de Inicio

Un punto clave a recordar sobre los Eventos de Inicio es que solo tienen Flujos de Secuencia *de salida*. No está permitido que los Flujos de Secuencia se conecten a un Evento de Inicio (dado que un Evento de Inicio representa el inicio de un Proceso). La Figura 8-4 muestra un uso <u>inco-</u>

---

[17] Hemos incluido el uso de *señales* en el conjunto *básico* de Eventos debido a su utilidad. Comprender como modelar usando estas características es considerado esencial para que un Analista de Negocios represente muchos de los comportamientos deseados.

rrecto de un Evento de Inicio (es decir, tiene un Flujo de Secuencia *de entrada*)

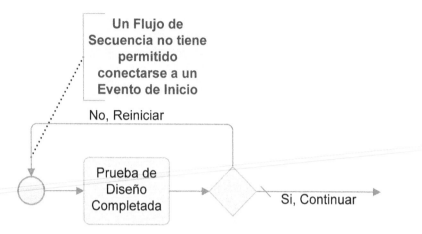

Figura 8-4—Un uso <u>incorrecto</u> de un Evento de Inicio

La versión correcta del fragmento de Proceso que se muestra en la Figura 8-4 tendría el Flujo de Secuencia conectándose de nuevo a la primer Tarea (ver Figura 8-5)

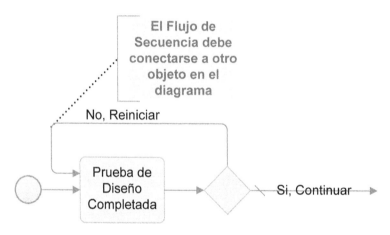

Figura 8-5—Una versión correcta de la Figura 8-4

En este caso, a pesar de la etiqueta del Flujo de Secuencia que itera hacia atrás, no se reinicia todo el proceso; este itera hacia la primer Actividad.

La única manera de reiniciar un Proceso (en el Evento de Inicio) es finalizar el Proceso y luego disparar nuevamente el Evento de Inicio. Esto crearía una nueva instancia del Proceso.

Comportamiento del Evento de Inicio

Los Eventos de Inicio son donde el flujo de un Proceso comienza, y por lo tanto, donde se crean los *tokens*. Cuando se dispara un Evento de Inicio, se genera un *token* (ver Figura 8-6).[18]

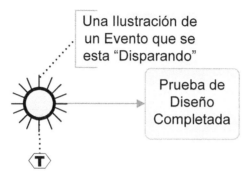

Figura 8-6—Un *token* es generado cuando se dispara un Evento de Inicio

Inmediatamente después de que se dispara el Evento de Inicio y se genera el *token*, el *token* sale del Evento de Inicio y viaja a través del Flujo de Secuencia *de salida* (ver Figura 8-7).

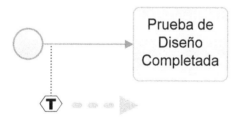

Figura 8-7—El *token* sale del Evento de Inicio a través del Flujo de Secuencia

El Evento de Inicio Básico

Un Evento de Inicio sin un disparador se conoce como un Evento de Inicio de tipo Simple. Se utiliza donde el inicio de un Proceso no está definido. Dado que no hay un disparador definido, no hay un marcador en el centro de la forma (ver Figura 8-8). Además, un Evento de Inicio de tipo Simple <u>siempre</u> se utiliza para marcar el inicio de un Sub-Proceso (pasando de un nivel al siguiente)

---

[18] Las líneas que muestran radios salientes desde el Evento de Inicio son a efectos ilustrativos y no son parte de la especificación BPMN.

Figura 8-8—Un Evento de Inicio Básico

Evento de Inicio Temporizador

Gráficamente, el Evento de Inicio de tipo Temporizador utiliza un reloj como marcador dentro de la forma del Evento (ver Figura 8-9). Este indica que el Proceso inicia (es decir, se dispara) cuando una condición específica de tiempo ocurre. Esto puede ser una fecha y una hora específica (por ejemplo, El 1 de Enero de 2009 a las 8am) o un intervalo de tiempo recurrente (por ejemplo, cada Lunes a las 8am).

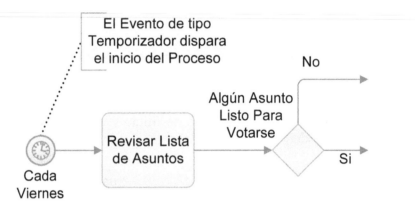

Figura 8-9—Un Evento de Inicio de tipo Mensaje utilizado para Iniciar un Proceso

La Figura 8-9, arriba, provee un ejemplo de un Proceso que se inicia todos los Viernes para revisar un conjunto de asuntos que pueden ser votados por un grupo.

Evento de Inicio Mensaje

El Evento de Inicio de tipo Mensaje representa una situación donde se inicia un Proceso (es decir, se dispara) por la recepción de un *mensaje*. El tipo de Evento tiene un marcador en forma de sobre (ver Figura 8-10).

Un *mensaje* es una comunicación directa entre dos *participantes* del negocio. Estos *participantes* deben estar en Pools independientes (es decir, no pueden ser enviados desde otro Carril en un único Pool)

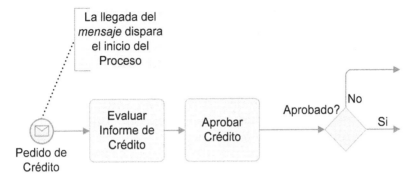

Figura 8-10—Un Evento de Inicio de tipo Mensaje utilizado para iniciar un Proceso

La Figura 8-10, arriba, provee un ejemplo donde un *mensaje* "Pedido de Crédito" dispara el inicio de un Proceso que evalúa y aprueba (o no) el crédito del solicitante.

Eventos de Inicio Señal

Los Eventos de Inicio de tipo señal utilizan un triangulo como marcador dentro de la forma del Evento (ver Figura 8-11). Este indica que el proceso se inicia (es decir, se dispara) cuando se detecta una *señal*. Esta *señal* fue una comunicación difundida desde un *participante* de negocio u otro Proceso. Las *señales* no tienen un objetivo o destinatario específico—es decir, todos los Procesos y *participantes* pueden ver la *señal* y es decisión de cada uno si reaccionar o no. Una señal es análoga a una bengala o una sirena; cualquiera que vea la bengala o la sirena puede, o no, reaccionar.

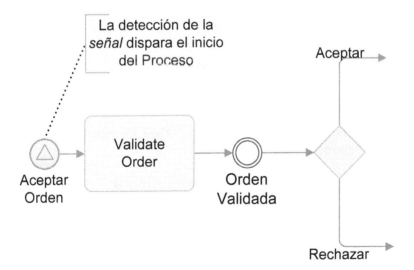

Figura 8-11—Un Evento de Inicio de tipo Señal utilizado para Iniciar un Proceso

A diferencia de los *mensajes*, las *señales* pueden operar dentro de un Proceso (tal vez entre un Sub-Proceso y su *padre* que lo llama), o entre Procesos de diferentes *participantes*. La Figura 8-11 arriba provee un ejemplo donde una *señal* "Aceptar Orden" dispara el inicio de un Proceso que va a evaluar y aceptar (o no) la orden para procesar.

BPMN 1.1 adiciona el Evento de Inicio de tipo Señal y elimina el "Evento de Inicio de tipo Vínculo". Las señales proporcionan una forma más general de comunicación entre procesos.

Eventos de Inicio Condicional

Los Eventos de Inicio de tipo Condicional representan una situación donde un Proceso se inicia (es decir, se dispara) cuando una *condición* predefinida se vuelve *verdadera*. Este tipo de Evento tiene como marcador un papel con reglones (ver Figura 8-12). Este tipo de Evento suele dispararse por algún cambio en los "datos relevantes del proceso", como en un escenario bancario, cuando el saldo de los clientes cae por debajo de determinado umbral. Una *condición* se utiliza para definir los detalles del cambio en los datos que se espera.

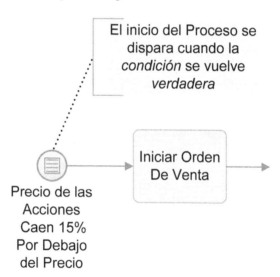

Figura 8-12—Un Evento de Inicio de tipo Condicional utilizado para Iniciar un Proceso

Una *condición* es una expresión en lenguaje natural o en lenguaje computacional que prueba ciertos datos. La prueba resultará en una respuesta de *verdadero* o *falso*. El cambio esperado ocurre cuando el resultado de la *condición* que se prueba es *verdadero*. La *condición* del Evento debe convertirse en *falso* y luego en *verdadero* nuevamente para que el Evento pueda dispararse de nuevo.

Cuando se está creando un modelo de alto nivel (para documentar un Proceso), una *condición* en lenguaje natural es generalmente suficiente. Por ejemplo una *condición* para un Proceso que vende una acción:

"El Precio Actual de la Acción Cae 15 por ciento por Debajo del Precio de Compra"

Si bien este tipo de *condición* es suficiente en un nivel de documentación, un modelo diseñado para ejecución (por una Suite de BPM) requerirá un lenguaje más formal que el sistema pueda entender.

Por ejemplo, una definición formal de la misma condición para el precio de la acción podría leerse como:

"(dataObject[name="infoAccion"]/precioActual) < ((dataObject[name="infoAccion"]/precioCompra) * 0.85)"

La Figura 8-12, arriba, provee un ejemplo de un Proceso que se inició por la condición anterior (se muestra la versión en lenguaje natural).

En BPMN 1.1, el Evento de Inicio de tipo Regla se renombró a Evento de Inicio de tipo Condicional ya que representaba una descripción más apropiada de su comportamiento.

Eventos de Inicio Múltiple

Los Eventos de Inicio de tipo Múltiple utilizan un pentágono como marcador dentro de la forma del Evento (ver Figura 8-13). Este representa una colección de dos o más *disparadores* de Eventos de Inicio. Los *disparadores* pueden ser cualquier combinación de *mensajes, temporizadores, condiciones, y/o señales.* Cualquiera de esos *disparadores* instanciará el Proceso—es decir, ni bien se desencadena el *disparador*, se genera una nueva *instancia* del Proceso y el flujo continúa desde ese Evento de Inicio (ignorando otras *instancias* que ya puedan existir). Si uno de los otros *disparadores* se desencadena, o el mismo *disparador* se desencadena nuevamente, entonces se genera otra *instancia* de Proceso.

Figura 8-13—Un Evento de Inicio de tipo Múltiple

El ícono del Evento de Inicio de tipo Múltiple a cambiado de una estrella de seis puntas a un pentágono en BPMN 1.1 (como se muestra en la Figura 8-3 anterior).

Modelando con Más de un Evento de Inicio

La mayor parte de los Procesos tienen un único Evento de Inicio. Sin embargo, es posible incluir más de un Evento de Inicio en un único Proceso (ver Figura 8-14). Esto se necesita usualmente cuando hay varias formas de que un Proceso se inicie, cada uno iniciando en un punto diferente del Proceso. A veces, como en el siguiente ejemplo, los Eventos de Inicio pueden dar lugar a diferentes secuencias de Actividades, sin embargo, esto no es un requerimiento.

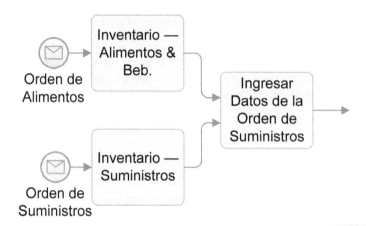

Figura 8-14—Un Proceso con Eventos de Inicio múltiples

Cada Evento de Inicio es independiente de los otros Eventos de Inicio en el Proceso. Esto significa que el Proceso empezará cuando cualquiera de los Eventos de Inicio se dispare. El Proceso no esperará por todos los Eventos de Inicio. Si otro Evento de Inicio se dispara luego de que el Proceso empieza, entonces se crea una *instancia* (ejecución) independiente del Proceso.

Cualquier Proceso, tenga o no múltiples Eventos de Inicio, puede tener múltiples *instancias* del Proceso activas al mismo tiempo. Cada vez que se dispara un Evento de Inicio (cualquier Evento de Inicio), se crea una nueva *instancia* del Proceso.

Eventos de Inicio y Sub-Procesos

Tenga en cuenta que los Eventos de Inicio basados en *disparadores* solo pueden aparecer en Procesos de "Alto Nivel". Los Eventos de Inicio basados en *disparadores* no se utilizan nunca en Sub-Procesos porque es el Proceso *padre* el que invoca el inicio de un Sub-Proceso (cuando un *token* llega desde el Proceso *padre* al Sub-Proceso.)

Los Eventos de Inicio Son Opcionales

La mayor parte de los Procesos tienen un Evento de Inicio para mostrarla posición del inicio del Proceso o para indicar el *disparador* que iniciará el Proceso. Sin embargo, un Proceso, ya sea de *alto nivel* o un Sub-Proceso, no requiere tener un Evento de Inicio (ver Figura 8-15).

Figura 8-15—El Inicio de un Proceso Sin un Evento de Inicio

Si no se utiliza el elemento Evento de Inicio, entonces el primer *objeto de flujo* que no tiene un Flujo de Secuencia *de entrada* representa la posición donde empieza el Proceso. Esta representación, se comportará como si existiera un Evento de Inicio invisible conectado al Primer elemento del Proceso (ver Figura 8-16). Si hay varios elementos que no tienen Flujos de Secuencia *de entrada*, entonces todos esos elementos se iniciarán al inicio del Proceso.

Figura 8-16—El Proceso Actúa como si hubiese un Evento de Inicio Virtual

El uso de un Evento de Inicio está atado al uso de un Evento de Fin. Si no se utiliza un Evento de Inicio, entonces tampoco se utiliza un Evento de Fin. Si se utiliza un Evento de Fin, entonces también se utiliza un Evento de Inicio.

Mejor Práctica: **Utilización de Eventos de Inicio**—*En general, recomendamos que los modeladores utilicen Eventos de de Inicio y de Fin.*

Sin embargo, hay situaciones en que es más adecuado crear un Proceso sin ellos. Por lo general, un modelador hará esto para Sub-Procesos pequeños y simples donde el comienzo y el fin del flujo se entienden claramente. Un ejemplo de esto es el concepto de "caja paralela" —un Sub-Proceso con un conjunto de Actividades que deben correr en paralelo (ver Figura 8-17). Al modelar este comportamiento con un Sub-Proceso sin Eventos de Inicio y Fin, el diagrama resultante es más compacto y menos confuso.

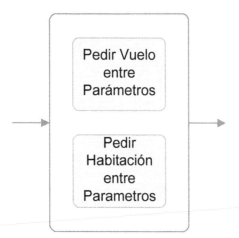

Figura 8-17—Un Ejemplo de una "Caja Paralela" donde no se utilizan Eventos de Inicio y de Fin

La figura siguiente muestra el método alternativo de modelado de este mismo comportamiento. Si bien este método comunica el comportamiento apropiado, es menos atractivo visualmente.

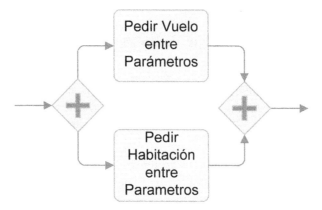

Figura 8-18—Un método alternativo de modelado del comportamiento de "Caja Paralela"

Para proporcionar la capacidad de modelar cosas como las "cajas paralelas" (como se vio en la Figura 8-17 anterior), se hicieron opcionales los Eventos de Inicio y Fin en BPMN

Eventos Intermedios

Un Evento Intermedio indica cuando algo sucede/ocurre después de que un Proceso ha comenzado y antes de que haya finalizado. Un Evento Intermedio se representa mediante un pequeño círculo abierto, con una doble línea fina marcando su límite (ver Figura 8-19).

Figura 8-19—Un Evento Intermedio.

Los Eventos Intermedios se colocan dentro del flujo del Proceso para representar cosas que suceden durante las operaciones normales del Proceso, y que generalmente ocurren entre las Actividades. Además, estos también pueden interrumpir el procesamiento normal de una Actividad.

Hay nueve tipos diferentes de Eventos Intermedios, cada uno con su propia representación gráfica (véase Figura 8-21). Cada tipo de Evento Intermedio puede *lanzar* o *capturar* el evento.

Una vez más, se han dividido los mismos de acuerdo a su tipo en *básicos* y *avanzados*:

Eventos Intermedios Básicos (véase Figura 8-20):

- **Básico**—No se define ningún *disparador*.
- **Temporizador**—El *disparador* se basa en una fecha y hora específica, o en un ciclo regular de fecha-hora (por ejemplo, el primer Viernes del mes a las 8 am.)
- **Mensaje**—El *disparador* es un *mensaje*. El mensaje debe ser enviado a otra entidad de negocio en el Proceso, o debe ser recibido de una de estas. Estas entidades de negocio (*participantes*), si se muestran en el diagrama, son representadas por Pools.
- **Señal**—El *disparador* es una *señal* que se emite o recibe.

Figura 8-20—Tipos de Eventos Intermedios Básicos.

Eventos Intermedios Avanzados (véase Figura 8-21):

- **Error**—Define un Evento que normalmente interrumpirá el Proceso o requerirá corrección (véase Interrupción de Actividades mediante Eventos en la página 94).
- **Cancelación**—Es utilizado para cancelar un Sub-Proceso de Transacción (véase "Transacciones y Compensación" en la página 172).

- **Compensación**—Es utilizado para establecer el comportamiento necesario para "deshacer" Actividades en caso de que un Sub-Proceso de Transacción sea cancelado o necesite ser deshecho (véase "Transacciones y Compensación" en la página 172).
- **Condicional**—Define una regla que debe cumplirse para que el Proceso continúe.
- **Vínculo**—Es utilizado para crear un mecanismo visual "Go To", ocultando un Flujo de Secuencia largo, o para establecer conectores "off-page", para imprimir.
- **Múltiple**—Define dos o más *disparadores* que pueden ser cualquier combinación de *mensajes*, *temporizadores*, *errores*, *condiciones*, o *señales*.

Eventos Intermedios Avanzados

Figura 8-21—Tipos de Eventos Intermedios Avanzados (*lanzados* y *capturados*).

Esta diferencia gráfica entre *capturar* y *lanzar* es nueva en BPMN 1.1. Otros cambios relacionados con los Eventos Intermedios en BPMN 1.1 consisten en la inclusión del Evento Intermedio de Señal, el cambio del símbolo para representar el Evento Intermedio Múltiple, y el cambio de nombre del Evento Intermedio de Regla, que es ahora el Evento Intermedio Condicional.

Comportamiento de un Evento Intermedio

Cuando llega un *token* desde un Flujo de Secuencia entrante a un Evento Intermedio, este hará una de dos cosas:

- Esperará a que algo suceda (por ejemplo, esperar por la condición definida en el *disparador* – véase "Evento de Inicio Mensaje" en la página 84 para un ejemplo). Este tipo de Evento se conoce como Evento Intermedio *capturador*. El interior de los símbolos para todos los Eventos Intermedios *capturador* tiene un fondo de color blanco. Esto también incluye los Eventos de Inicio, ya que este tipo de Eventos también espera para ser lanzado.

- Se lanzará inmediatamente (creando las condiciones definidas en el *disparador* – véase "Evento de Inicio Mensaje" en la página 84 para un ejemplo). Este tipo de Evento se conoce como Evento Intermedio *lanzador*. El interior de los símbolos para todos los Eventos Intermedios *lanzadores* tiene un fondo de color negro. Esto también incluye Eventos de Fin, ya que este tipo de Eventos también se lanza inmediatamente.

Los Eventos que pueden *capturar* son:

- Mensaje
- Temporizado
- Error
- Cancelación
- Compensación
- Condicional
- Vínculo
- Señal
- Múltiple (captura cualquier evento entrante en la lista)

Un *token* arribando a un Evento Intermedio *capturador* deberá esperar hasta que el *disparador* se active. A continuación el *token* saldrá inmediatamente, moviéndose hacia el Flujo de Secuencia *saliente*.

Los Eventos que pueden *lanzar* son:

- Mensaje
- Compensación
- Vínculo
- Señal
- Múltiple (lanza todos los eventos en la lista)

Un *token* arribando a un Evento Intermedio *lanzador* activará al instante el *disparador*. A continuación saldrá inmediatamente, moviéndose hacia el Flujo de Secuencia *saliente*.

Conexión de Eventos Intermedios

Los Eventos Intermedios son colocados en el *flujo normal* de un Proceso (por ejemplo, entre las Actividades), o son adjuntados al límite de una Actividad para *disparar* una interrupción de la misma—esto es discutido con mayor profundidad más adelante—véase "Interrupción de Actividades mediante Eventos."

Dado que los Eventos Intermedios no son Gateways (discutidos más adelante en "Gateways", en la página Capítulo 9126), no se utilizan para dividir o fusionar Flujos de Secuencia. Por lo tanto, sólo se permite un Flujo de Secuencia *entrante* y uno *saliente* para un Evento Intermedio dentro de un *flujo normal* (véase Figura 8-22).

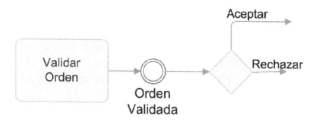

Figura 8-22—Un Evento Intermedio dentro del *flujo normal*.

Interrupción de Actividades mediante Eventos

BPMN utiliza Eventos adjuntos al límite de una Actividad como una manera de modelar *excepciones* al flujo normal del Proceso. El Evento adjunto indica que la Actividad debe ser interrumpida cuando el Evento es disparado (véase Figura 8-23). Este tipo de Eventos siempre *captura* el *disparador* adecuado, por lo que el símbolo del *disparador* tendrá siempre el fondo de color blanco (véase Figura 8-19, citada anteriormente).

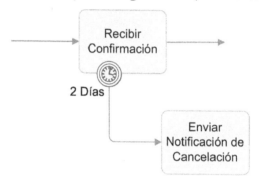

Figura 8-23—Un Evento Intermedio adjunto al límite de una Actividad.

La forma en que BPMN maneja las *excepciones* es una innovación para las notaciones de modelado de procesos. La manera normal de salir de una Actividad es, completar el trabajo en la Actividad, y para el conector *saliente* (un Flujo de Secuencia) mostrar el camino a la siguiente Actividad (u otro *objeto del flujo*). Como una forma de acentuar los caminos de *excepción* dentro de un Proceso, el enfoque de BPMN acerca de adjuntar Eventos Intermedios al límite de una Actividad, provee una manera natural y evidente para mostrar la forma anormal de salir de una Actividad. Tanto las Tareas como los Sub-Procesos son interrumpidos de la misma manera.

Los tipos de Eventos que pueden interrumpir una Actividad son:

- Temporizado
- Mensaje
- Error
- Cancelación
- Condicional
- Señal

- Múltiple

Un Evento Intermedio de Compensación también puede ser adjuntado al límite de una Actividad. Sin embargo, estos Eventos no interrumpen la Actividad, ya que estos sólo son operativos después que una Actividad se ha completado. Véase "Transacciones y Compensación" en la página 172 para más detalles sobre Eventos de Compensación.

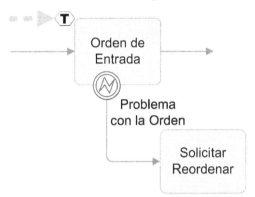

Figura 8-24—Un *token* llega a una Tarea con un Evento Intermedio de Error adjunto.

Rastrear un *token* permite observar cómo funciona el *manejo de excepciones*. El *token* abandona el *objeto de flujo* anterior y llega a la Actividad que contiene un Evento Intermedio adjunto (véase Figura 8-24, citada anteriormente). [19]

El *token* ingresa a la Actividad y se inicia el trabajo y el ciclo de vida de la Actividad (para más información sobre este tema, véase la sección "El Ciclo de Vida de una Actividad" en la página 171). Al mismo tiempo, otro *token* se crea y reside en el Evento Intermedio, más específicamente en su límite (véase Figura 8-25). Esto prepara al Evento Intermedio que potencialmente puede interrumpir, para ser lanzado. Si el Evento adjunto se tratara de un *temporizador*, entonces el reloj es iniciado.

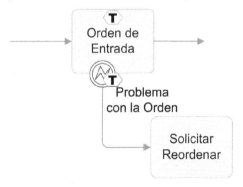

---

[19] Se utiliza un Evento Intermedio de Error para demostrar el comportamiento, pero puede ser utilizado cualquiera de los Eventos Intermedios capaces de interrumpir, listados anteriormente.

Figura 8-25—Un *token* que reside tanto en la Tarea como en el Evento Intermedio de Error.

La Actividad y el Evento Intermedio adjunto participan en una *condición de carrera*. Cualquiera que termine primero ganará la *carrera* y tomará el control del Proceso junto con su *token*. Si la Actividad termina antes que el *disparador* ocurra (en este caso de error), entonces el *token* de la Actividad se mueve hacia el Flujo de Secuencia *saliente* normal de la Actividad (véase Figura 8-26) y el *token* adicional se consume.

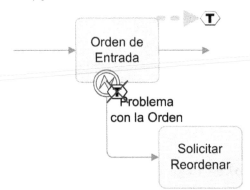

Figura 8-26—El *token* abandona la Tarea antes que el Evento Intermedio de Error se dispare

Sin embargo, si el Evento Intermedio adjunto se *dispara* después de que la Actividad finalice, entonces la Actividad es interrumpida (se detiene todo el trabajo). En este caso, el *token* del Evento se mueve hacia el Flujo de Secuencia *saliente*, pero no el Flujo de Secuencia *saliente* normal de la Actividad (véase Figura 8-27). El *token* que estaba en la Actividad es consumido.

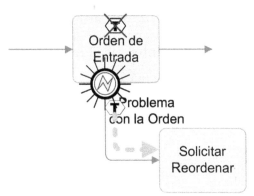

Figura 8-27—El Evento Intermedio de Error es *disparado* interrumpiendo la Tarea

El flujo de los Eventos Intermedios puede ir en cualquier dirección. Puede ir por un nuevo camino, puede reincorporarse a la ruta normal, o puede volver *hacia atrás*.

Los Eventos capaces de interrumpir, pueden ser adjuntados tanto a Tareas como a Sub-Procesos. La excepción a esto es el Evento Intermedio de Cancelación, que sólo se utiliza en los Sub-Proceso de Transacción (véase "Transacciones y Compensación" en la página 172).

Eventos Intermedios Básicos

Al igual que con un Evento de Inicio, un *disparador* no es siempre necesario para un Evento Intermedio. Un Evento Intermedio sin un *disparador* se conoce como Evento Intermedio Básico (cómo en la Figura 8-19, citada anteriormente).

Los Eventos Intermedios Básicos se utilizan principalmente para documentar aquellas Actividades que se han completado, o aquellas en las cuales el Proceso ha alcanzado un estado definido, como un hito. El nombre del Evento a menudo puede proporcionar información suficiente para estos fines.

Para un Evento Intermedio Básico, no se define ninguna condición (es decir, no hay *disparador*). Por lo tanto, este se lanza de inmediato (véase Figura 8-28).

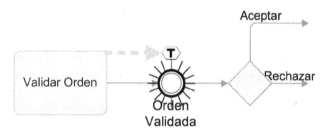

Figura 8-28—Un *token* llega al Evento Intermedio

Inmediatamente después del lanzamiento, el *token* se mueve hacia el Flujo de Secuencia *saliente*, continuando el Proceso (véase Figura 8-29).

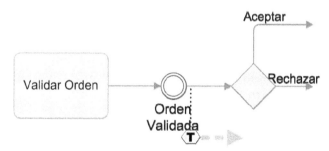

Figura 8-29—El *token* abandona el Evento Intermedio Básico

Eventos Intermedios Temporizador

El Evento Intermedio de tipo *Temporizador* se representa mediante el símbolo de un reloj, dentro de la silueta del Evento (véase Figura 8-30, abajo). Los Eventos Intermedios Temporizador sólo pueden *capturar*. Estos añaden dependencias basadas en el tiempo dentro de un Proceso y son introducidos en el Flujo de Secuencia para crear un delay, o se adjuntan a los límites de una Actividad para crear una condición de Deadline o Time-Out (Fecha Límite y Tiempo Expirado respectivamente). Los Eventos Intermedios Temporizador también pueden utilizarse como parte de un Gateway Basado en Eventos (véase página 132).

Cuando un *token* llega a un Evento Intermedio Temporizado, el "reloj comienza", y el *token* aguarda a que suceda la condición específica relacionada al tiempo (véase Figura 8-30).

Figura 8-30—Un *token* abandonando un Evento Intermedio *Temporizado*.

Delays

Cuando se inserta entre las Actividades de un Proceso, el Evento Intermedio Temporizado representa un *delay* en el flujo del Proceso. Los Eventos Intermedios Temporizador pueden representar una Fecha y Hora específicas (por ejemplo, esperar hasta el 15 de abril, a las 5 pm.), un tiempo relativo (por ejemplo, esperar 6 días), o una fecha relativa repetitiva (por ejemplo, esperar hasta el próximo lunes a las 8 am.)

Figura 8-31—Un Evento Intermedio Temporizado creando un *delay* en el Proceso

Cuando el temporizador "se apaga"—es decir, se produce la condición específica de tiempo—en este caso, 6 días después de iniciado el temporizador, entonces el *token* se mueve hacia el Flujo de Secuencia *saliente* del Evento (véase Figura 8-30) y el Proceso continúa.

Para mostrar cómo se comporta un delay *Temporizado*, se seguirá el rastro del *token* a través del ejemplo de la figura citada anteriormente. El *token* abandona el *objeto de flujo* previo y llega al Evento Intermedio Temporizado (véase Figura 8-32). El *objeto de flujo* que precede al Temporizador puede ser una Actividad, un Gateway, u otro Evento Intermedio.

Figura 8-32—Un *token* llega al Evento Intermedio Temporizado

El *token* se mantendrá en el Evento Intermedio Temporizado (véase Figura 8-33) hasta que el reloj alcance la configuración de tiempo del Evento (es decir, hasta que la "alarma se apague").

El reloj para *delays* de tiempo relativos (por ejemplo, 6 días) se inicia cuando el *token* llega al Evento. El reloj para tiempos/fechas específicos y recurrentes, se compara siempre contra un calendario existente (o uno simulado).

Es necesario tener en cuenta que si se fija una fecha y hora específica (por ejemplo, Enero 1 de 2007 a las 8 am.) y esta ocurre <u>antes</u> de que el Evento Intermedio Temporizado se active (es decir, antes de que el *token* llegue), entonces este Evento nunca ocurrirá.

Mejor Práctica: ***Configurar Temporizadores***—*evitar condiciones específicas de fecha y hora, ya que estas impiden la reutilización del proceso.*

Figura 8-33—El *token* se *retrasará* hasta que el Temporizador sea activado

Cuando el Evento es finalmente activado, el *token* abandona el Evento inmediatamente y se mueve hacia el Flujo de Secuencia *saliente* (véase Figura 8-34).

Figura 8-34—Cuando el Temporizador es disparado, el *token* continúa

Deadlines y Time-Outs

Como se mencionó anteriormente, los Eventos Intermedios Temporizador también pueden interrumpir una Actividad. Cuando la Actividad se inicia, también lo hace el *temporizador*. Si la Actividad finaliza en primer lugar, entonces el *temporizador* se completa normalmente y el Proceso continúa con normalidad. Si el *temporizador* se apaga antes que la Actividad se complete, la Actividad se interrumpe de inmediato y el Proceso continúa en el Flujo de Secuencia del Evento Intermedio Temporizado (véase Figura 8-35).

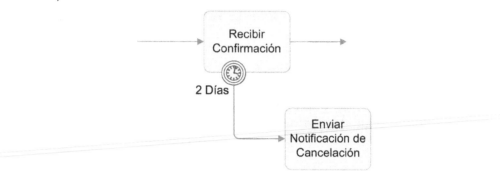

Figura 8-35—Una Actividad con un *time-out*

El comportamiento del Evento Intermedio Temporizado adjunto, y otros Eventos de interrupción, se describen en "Interrupción de Actividades mediante Eventos" en la página 94.

Time-Outs No Interrumpibles

Como se describió en la sección anterior, un Evento Intermedio Temporizado adjunto interrumpe una Actividad cuando se dispara. Sin embargo, hay momentos en los cuales un *temporizador* puede ser necesario para *disparar* Actividades adicionales, sin interrumpir la Actividad. Por ejemplo, si el trabajo de una Actividad no ha terminado en el tiempo esperado, entonces el comportamiento deseado es a menudo enviar un email al superior del Actor, para agilizar la situación. Se hace referencia a este tipo de escenarios como comportamiento Evento No Interrumpible.

En BPMN 1.1, es imposible utilizar un Evento Intermedio adjunto para crear el comportamiento de un Evento No Interrumpible. Sin embargo, hay "Patrones de Procesos" que resuelven fácilmente esta necesidad.

La Figura 8-36 proporciona un ejemplo de un Patrón de Procesos que resuelve este problema. El Patrón se basa en un Sub-Proceso con el Evento Intermedio Temporizado configurado en un flujo paralelo a la Actividad, que termina con un Evento de Fin Terminador. Tanto la Actividad como el Evento Intermedio Temporizado siguen un Evento de Inicio.

El *temporizador* se inicia al mismo tiempo que la Actividad. Si el *temporizador* se dispara antes de la finalización de la Actividad "Recibir Confirmación", entonces se envía un recordatorio sin interrumpir la Actividad. El *temporizador* se encuentra en un *loop* de modo que se envían recordatorios cada dos días. Cuando la Actividad eventualmente finaliza, el trabajo se traslada a un Evento de Fin Terminador, el cual detendrá toda la Actividad del Sub-Proceso, incluyendo el *loop* del *Temporizador*. El flujo luego continúa a nivel de los Procesos *padres*. Véase también Evento de Fin Terminador en la página 121.

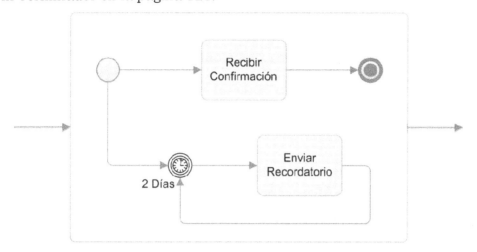

Figura 8-36—Un delay Evento Intermedio Temporizado utilizado para escalación.

Patrón de Proceso: El ejemplo mostrado en la Figura 8-36, citada anteriormente, corresponde a un "Patrón de Proceso". Este patrón puede ser utilizado con diferentes Eventos Intermedios capturadores (reemplazando el Evento Intermedio Temporizado) para crear diversos comportamientos del tipo no interrumpible, basados en mensajes, señales, u otros tipos de disparadores.

Otra serie de ejemplos se presentan en la introducción a los escenarios de apertura, en la sección "Estableciendo Temporizadores" en la página 37, y también en "Otro Enfoque para la Escalada" en la página 53.

En la próxima versión de BPMN (BPMN 2.0), se está construyendo una capacidad del tipo *no interrumpible* en los Eventos Intermedios que son adjuntados a los límites de una Actividad. Esto permitirá el uso de Eventos adjuntos tanto para *interrumpir* una Actividad, como para *disparar* un Evento No Interrumpible. Patrones de Procesos como el de la Figura 8-36 seguirán siendo válidos, pero ya no serán necesarios. La notación para los Eventos No Interrumpibles no está finalizada aún, por lo que no puede proveerse un ejemplo de momento.

Eventos Intermedios Mensaje

Los Eventos Intermedios Mensaje se distinguen de otros tipos de Eventos Intermedios por el símbolo de un sobre puesto dentro de la forma del Evento (véase Figura 8-37). Los *Mensajes* son diferentes de las *señales* en el sentido de que son dirigidos entre los *participantes* del Proceso—es decir, <u>siempre</u> operan a través de <u>Pools</u>. Además, <u>no pueden</u> ser utilizados para comunicarse entre Carriles dentro de un Pool.

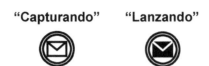

"Capturando"   "Lanzando"

Figura 8-20—Eventos Intermedios Mensaje

Como se muestra en la figura anterior, hay dos tipos de Eventos Intermedios Mensaje: *lanzadores* y *capturadores*—es decir, de envío y recepción. [20]

Enviando *Mensajes*

Un tipo de Evento Intermedio Mensaje es un Evento *lanzador* que envía un *mensaje*. El interior del símbolo que lo representa es un sobre con relleno color negro (véase Figura 8.21, citada anteriormente). Este tipo de Eventos indica que el Proceso enviará un *mensaje* en ese momento del Proceso.

Cuando un *token* llega a un Evento Intermedio Mensaje *lanzador*, inmediatamente dispara el Evento, el cual envía el *mensaje* a un *participante* específico (véase Figura 8-38).

Figura 8-21—Un *token* arribando a un Evento Intermedio Mensaje *lanzador*

Inmediatamente después de que el *mensaje* es enviado, el *token* se mueve hacia el Flujo de Secuencia *saliente* (véase Figura 8-39), continuando el Proceso.

Figura 8-22—El *token* abandona el Evento Intermedio Mensaje

Recibiendo *Mensajes*

---

[20] En el ejemplo provisto, se muestran Evento Intermedio Mensaje dentro del *flujo normal* del Proceso. No se muestra el Flujo de Mensajes que emana de estos Eventos y que se conecta a un *participante* externo. Para más información acerca de Flujo de Mensajes consulte la página 190.

El otro tipo de Evento Intermedio Mensaje *captura*—es decir, <u>espera</u> que arribe un *mensaje*. El interior del símbolo que lo representa es un sobre con relleno color blanco (véase Figura 8-21, citada anteriormente).

Cuando un *token* llega a un Evento Intermedio Mensaje *capturador* en el *flujo normal*, el Proceso se detiene hasta que llega el *mensaje* (véase Figura 8-40). Nótese que si una Suite BPMN está ejecutando el modelo, y el *mensaje* llega <u>antes</u> que el Evento Intermedio Mensaje este "activo" (es decir, antes que llegue el *token*), entonces el *mensaje* es ignorado. En tal situación, el Evento Intermedio Mensaje esperará indefinidamente a menos que el *mensaje* sea enviado nuevamente.

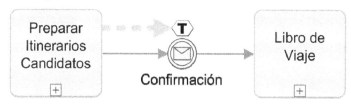

Figura 8-23—El *token* llega a un Evento Intermedio Mensaje *capturador*

Si el *token* está esperando en el Evento Intermedio y llega el *mensaje*, entonces el Evento se dispara. El *token* inmediatamente se mueve hacia el Flujo de Secuencia *saliente*, continuando el Proceso (véase Figura 8-41).

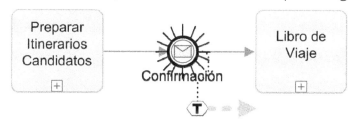

Figura 8-24—El *token* abandona el Evento Intermedio Mensaje *capturador*

Los Eventos Intermedios de Mensaje también pueden aparecer adjuntos al límite de una Actividad como un Evento *capturador*. Si el Evento ocurre, entonces la Actividad es interrumpida y el *token* la abandona a través del Flujo de Secuencia adjunto al Evento Intermedio Mensaje. Para más información acerca de la naturaleza exacta de este asunto, consulte la sección "Deadlines y Time-Outs" a partir de la página 97.

Los Eventos Intermedios Mensaje pueden además formar parte de un Gateway Basado en Eventos (véase la página 132).

Eventos Intermedios Señal

Al igual que los Eventos de Inicio de Señal, el Evento Intermedio de Señal utiliza el símbolo de un triángulo dentro de la forma del Evento (véase Figura 8-42). Al igual que el Evento Intermedio Mensaje, hay dos tipos de Eventos Intermedios de Señal—*lanzadores* y *capturadores*.

Figura 8-25—Eventos Intermedios Señal

Ejemplos acerca de cómo son utilizados los Eventos de Señal, pueden ser encontrados en la sección "Eventos de Señal" en la página 103.

Los Eventos de Señal son una nueva característica en BPMN 1.1. Estos reemplazan parte de la funcionalidad de los Eventos de Vínculo, agregan nuevas capacidades y ofrecen una amplia gama de patrones de Procesos.

Transmitiendo una Señal

El Evento Intermedio de Señal *lanzador* transmite. Cuando un *token* llega, se dispara inmediatamente el Evento, el cual transmite la *señal* a cualquier otro Evento que pueda estar esperando por ella (véase Figura 8-43); no sabe nada acerca de Eventos que podrían esperar para capturar la Señal. El interior de su símbolo es un triángulo con relleno de color negro.

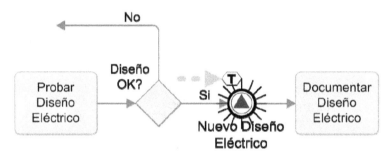

Figura 8-26—Un *token* llega a un Evento Intermedio de Señal *lanzador*

Inmediatamente después de que la *señal* es emitida, el *token* continúa hacia el Flujo de Secuencia *saliente* (véase Figura 8-44), continuando el Proceso.

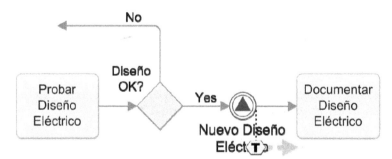

Figura 8-27—El *token* abandona el Evento Intermedio de Señal *lanzador*

Recibiendo una Señal

El Evento Intermedio de Señal *capturador* espera a que llegue una *señal*; el Proceso se detiene hasta que se detecta la *señal*. El interior del símbolo que lo representa es un triángulo con relleno de color blanco.

Cuando un *token* llega a un Evento Intermedio de Señal, el Proceso espera a detectar la *señal* (véase Figura 8-45). Nótese que si la *señal* llega antes que el Evento Intermedio de Señal esté listo—es decir, antes de que el *token* llegue, entonces la *señal* es ignorada. A menos que la misma *señal* sea enviada de nuevo, el Proceso esperará indefinidamente.

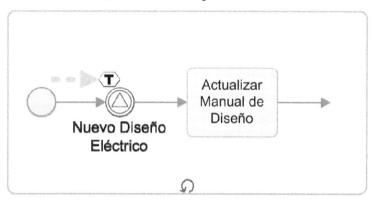

Figura 8-28—Un *token* llegando a un Evento Intermedio de Señal *capturador*

Cuando el Evento Intermedio de Señal es identificado (es decir, el Evento se dispara), entonces el *token* se mueve hacia el Flujo de Secuencia *saliente*, y el Proceso continúa (véase Figura 8-46).

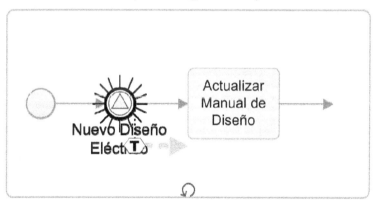

Figura 8-29—El *token* abandona el Evento Intermedio de Señal *capturador*

Uso de Eventos de Señal

Los Eventos de Señal proporcionan una capacidad general de comunicación dentro de y entre los Procesos. Tienen algunas similitudes con los Eventos de Mensaje. Al igual que los Eventos de Mensaje, hay dos tipos de Eventos de Señal: un tipo envía o *lanza* la *señal*, y el otro tipo recibe o *captura* la *señal*. A diferencia de los Eventos de Vínculo, los Eventos de

Señal no deben ser utilizados en pares. Un Proceso dado puede tener solo un Evento de Señal *lanzador* o *capturador*.

Por un lado, un *mensaje* es dirigido a un objetivo específico (es decir, otro *participante* en una relación business-to-business), mientras que las *señales* se emiten de forma general. Piense en las *señales* como señales de bengala. Estas se disparan y cualquier número de personas mirando pueden optar por reaccionar (o no). Sin embargo, las *señales* también tienen un nombre—por lo tanto, *capturar* Eventos puede filtrar *señales* que no tienen el nombre correcto (o pueden ser configuradas para reaccionar ante cualquier *señal*).

Hay varias maneras de utilizar Eventos de Señal, incluyendo:

- Manejo de excepciones
- Encadenar Procesos; esto es, marcando el inicio de un Proceso después de la realización de otro.
- Destacando que un *hito* determinado ha ocurrido.
- Comunicación Inter-Proceso—especialmente útil cuando hilos de ejecución paralelos de una actividad requieren coordinación.
- Como parte de un Gateway Basado en Eventos (véase página 132).

Los Eventos de Señal pueden operar a través de los niveles del Proceso (a través de Sub-Procesos hacia los *padres*, viceversa, o entre Sub-Procesos) o incluso a través de Pools. Por ejemplo, un Evento de Señal podría enviar reportes de estado a un cliente, indicando que el Proceso ha alcanzado un hito acordado (el cliente y la organización son *participantes* operando dentro de sus propios Pools).

La Figura 8-47 presenta un ejemplo de un *hito* en el cual hay dos Sub-Procesos. Los dos Sub-Procesos envían *señales* hacia el Proceso *padre*. El primer Proceso envía además una *señal* al segundo Sub-Proceso. Los Sub-Procesos están diseñados para ser reutilizados (en otros Procesos). Por lo tanto, para funcionar bien entre sí y con sus Procesos *padres*, deben enviar *señales* en los momentos adecuados.

La Actividad "Diseñar Tapa del Libro" en el Sub-Proceso intermedio, espera hasta que la Actividad "Desarrollar Texto y Conceptos Principales" del Sub-Proceso ubicado en la parte superior haya concluido. Ya que el Flujo de Secuencia no puede cruzar los límites del Sub-Proceso, los Eventos de Señal se encargan de la comunicación y sincronizan los dos Sub-Procesos.

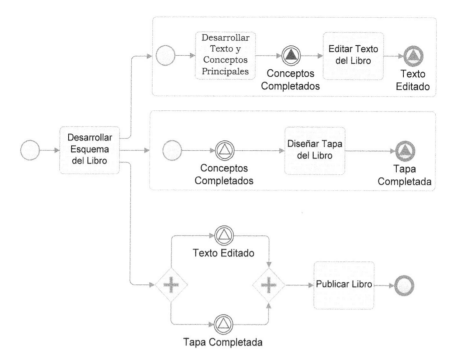

Figura 8-30—Los Eventos de Señal pueden comunicarse a través de los niveles del Proceso.

Además de la restricción de *hito* anterior, la Actividad "Publicar Libro" en el Proceso *padre* debe esperar hasta que la Actividad "Editar Texto del Libro" en el Sub-Proceso ubicado en la parte superior y la Actividad "Diseñar Tapa del Libro" en el Sub-Proceso intermedio se hayan completado. Para hacer esto, el Proceso *padre* detecta la *señal* de cada uno de los Sub-Procesos.

El rastreo de un *token* a través del ejemplo anterior, comienza en el punto en el cual ambos Sub-Procesos han comenzado su trabajo (véase Figura 8-48). Cada Evento de Inicio generará un *token* y lo enviará hacia el Flujo de Secuencia. El *token* en el Sub-Proceso superior irá a la Actividad "Desarrollar Texto y Conceptos Principales". El *token* en el Sub-Proceso inferior irá al Evento de Señal *capturador*, lo que hará que el Evento quede a la espera de una *señal*.[21]

---

[21] Los *tokens* también se envían a los Evento Intermedio de Señal capturador en el Proceso padre, pero no se rastrearán los mismos en este ejemplo.

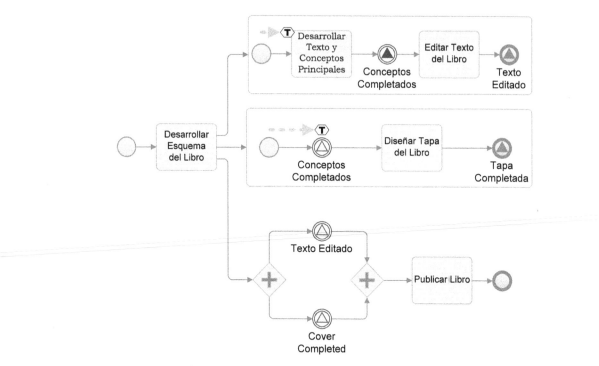

Figura 8-31—El Evento de Señal en el Sub-Proceso inferior está a la espera de una *señal*

Eventualmente la Actividad "Desarrollar Texto y Conceptos Principales" en el Sub-Proceso superior terminará y enviará el *token* al Evento de Señal *lanzador* (véase Figura 8-49).

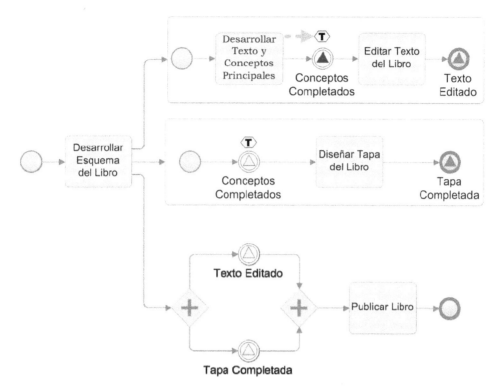

Figura 8-32—Eventualmente el *token* llegará al Evento de Señal *lanzador* en el Sub-Proceso superior

Cuando el *token* llega al Evento de Señal *lanzador* en el Sub-Proceso superior, este dispara el Evento que causa la emisión de la *señal* (véase Figura 8-50). Después de que la *señal* se dispara, el *token* continúa en el Flujo de Secuencia *saliente*, hacia la Tarea "Editar Texto del Libro".

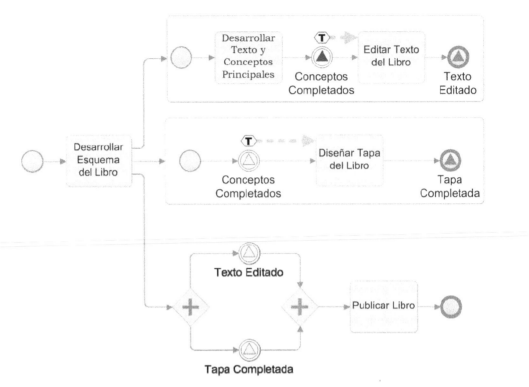

Figura 8-33—El Evento de Señal *lanzador* en el Sub-Proceso superior se dispara, lo cual es detectado por el Evento de Señal *capturador* en el Sub-Proceso inferior

En el Sub-Proceso inferior, el Evento de Señal *capturador* detecta la *señal* emitida por el Sub-Proceso superior. Esto disparará el Evento, lo cual significa que el *token* se mueve hacia la Actividad "Diseñar Tapa del Libro" a fin de que pueda comenzar su labor. [22]

Eventos Intermedios de Error

El Evento Intermedio de Error se utiliza para manejar la ocurrencia de un *error* que puede requerir la interrupción de una Actividad (a la cual está adjunto). Un *error* es generado cuando hay un problema crítico en el procesamiento de una Actividad. Los *Errores* pueden ser generados por aplicaciones o sistemas involucrados en el trabajo (que son transparentes para el Proceso) o por Eventos de Fin (véase página 117). El Evento Intermedio de Error utiliza el símbolo de un rayo dentro de la forma del Evento (véase Figura 8-51).

---

[22] Nótese que la especificación de BPMN no define el mecanismo preciso utilizado para soportar *señales*—es decir, la especificación es independiente de la implementación. En su nivel más simple, las personas pueden interpretar las señales enviadas entre sí, o una infraestructura de software sofisticada como una Cola de Mensajes puede garantizar que un Motor BPMN (motor de workflow) detecta los cambios pertinentes en el estado.

Figura 8-34—Un Evento Intermedio de Error

Este Evento puede ser utilizado solo cuando es adjuntado al límite de una Actividad, por lo que solo puede utilizarse para *capturar* un *error*, nunca para *lanzar* un *error*. El Evento de Fin de Error es utilizado para *lanzar* un *error* (véase "Evento de Fin de Error" en la página 122). Cuando ocurre un *error* todo el trabajo se detiene para ese Proceso; por lo tanto, no tiene sentido utilizar un Evento Intermedio para *lanzar* un *error*, ya que no se lleva a cabo el trabajo.

Cuando se activa este Evento, entonces todo el trabajo dentro de la Actividad se detiene. La Actividad puede ser una Tarea o un Sub-Proceso. Consulte "Interrupción de Actividades mediante Eventos" en la página 94 para observar un ejemplo del comportamiento de este Evento.

Eventos Intermedios de Cancelación

El Evento Intermedio de Cancelación está diseñado para manejar una situación en la cual una *transacción* es *cancelada*. [23] El Evento Intermedio de Cancelación usa un símbolo "X" con relleno color blanco dentro de la forma del Evento (véase Figura 8-52).

Figura 8-35—Un Evento Intermedio de Cancelación

Los Eventos Intermedios de Cancelación pueden solamente *capturar* una *cancelación de transacción*; no son capaces de *lanzarlos*. El Evento de Fin de Cancelación lanza la cancelación (véase "Evento de Fin de Cancelación" en la página 123).

Además, el Evento Intermedio de Cancelación puede ser adjuntado solamente al límite de un Sub-Proceso de Transacción. Puede ser activado por un Evento de Fin de Cancelación dentro de un Sub-Proceso, o a través de una cancelación recibida vía el *protocolo de transacción* asignado al Sub-Proceso de Transacción. Cuando se activa, el Sub-Proceso de Transacción es interrumpido (se detiene todo el trabajo) y el Sub-Proceso es *deshecho*, lo que puede dar lugar a la *compensación* de algunas Actividades dentro del Sub-Proceso. Consulte "Transacciones y Compensación" en la página 172 para obtener más detalles sobre la forma en que los Sub-Procesos de Transacción son cancelados.

---

[23] Una *transacción* es representada por un Sub-Proceso de Transacción.

Eventos Intermedios de Compensación

El Evento Intermedio de Compensación se distingue de otros tipos de Evento Intermedios por el símbolo de "rebobinar" que se ubica dentro de la forma del Evento (véase Figura 8-53).

Capturando Lanzando

Figura 8-36—Eventos Intermedios de Compensación

Como se muestra en la figura anterior, existen dos tipos de Eventos Intermedios de Compensación: *lanzador* y *capturador*—es decir, de envío y recepción. El Evento Intermedio de Compensación *capturador* solo puede ser utilizado si es adjuntado a los límites de una Actividad. El *flujo normal* no puede utilizarse por el Evento de Compensación *capturador*. Sin embargo, el Evento Intermedio de Compensación *lanzador* sí es utilizado en el *flujo normal*.

El uso de ambas versiones, tanto *lanzador* como *capturador,* de estos Eventos se detallan en "Transacciones y Compensación" en la página 172.

Eventos Intermedios Condicionales

El Evento Intermedio Condicional representa una situación en la cual un Proceso está a la espera de que una *condición* predefinida se torne *verdadera*. Este tipo de Evento tiene como símbolo la figura de un papel con rayas, dentro de la forma del Evento (véase Figura 8-54).

Figura 8-37—Evento Intermedio Condicional

Existen tres maneras de utilizar Eventos Intermedios Condicionales:

- En el *flujo normal*, pero sólo como Eventos *capturadores*. Los Eventos Condicionales no son *lanzados*.
- Adjunto al límite de una Actividad para interrumpirla.
- Como parte de un Gateway Basado en Eventos (véase página 132)

Este tipo de Evento es disparado por un cambio en los datos relacionados al Proceso. Por ejemplo, un Evento Intermedio Condicional puede activarse si las ventas trimestrales de una empresa se ubican un 20 por ciento por debajo de lo esperado, o si el tipo de interés bancario base prevaleciente varía. Para ver un ejemplo más detallado y un descripción de las *condiciones*, consulte "Eventos de Inicio Condicionales" en la página 86.

Sería raro utilizar un Evento Intermedio Condicional en el *flujo normal*, pero es posible. Cuando un *token* llega al Evento, esperará allí hasta que el Evento sea activado (la *condición* se vuelva *verdadera*). Cuando la *condición* se *vuelve* verdadera, entonces el Proceso continuará. Sin embargo, si la *condición* <u>nunca</u> se vuelve *verdadera,* entonces el Proceso se quedará estancado en ese punto y nunca se completará con normalidad.

En la mayoría de los casos, un Evento Intermedio Condicional es adjuntado al límite de una Actividad para que el cambio en la *condición* interrumpa la Actividad. Consulte "Interrupción de Actividades mediante Eventos" en la página 93 para una descripción general acerca de cómo los Eventos interrumpen las Actividades.

En BPMN 1.1, el Evento Intermedio de Regla pasó a denominarse Evento Intermedio Condicional, ya que el mismo representa una descripción más adecuada del comportamiento.

Eventos Intermedios de Vínculo

Los Eventos Intermedios de Vínculo son utilizados siempre en pares, con un Evento *origen* y un Evento *destino* (véase Figura 8-55). Informalmente, puede llamarse a los mismos Eventos de Vínculo. Para garantizar la vinculación, tanto el Evento de Vínculo *Origen* como el *Destino* deben tener la misma etiqueta. El Evento de Vínculo *Origen* es un Evento Intermedio *lanzador* (con el símbolo de una flecha con relleno color negro) y el Evento de Vínculo *Destino* es un Evento Intermedio *capturador* (con el símbolo de una flecha con relleno color blanco).

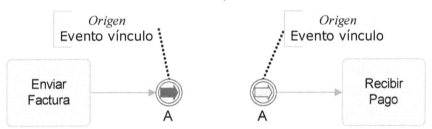

Figura 8-38—Un Flujo de Secuencia virtual es creado

Usando un par de Eventos de Vínculo se crea un Flujo de Secuencia virtual. Esto significa que el diagrama en la Figura 8-55 citado anteriormente, con el par de Eventos de Vínculo ubicados entre las dos Actividades, es equivalente al de la Figura 8-56, más abajo, en el cual un solo Flujo de Secuencia conecta las Actividades.

Figura 8-39—Comportamiento equivalente a un par de Eventos de Vínculo

El alcance de los Eventos Intermedios de Vínculo ha cambiado en BPMN 1.1. Como resultado, los Eventos de Vínculo ahora son sólo utilizados como Eventos Intermedios y deben existir dentro de un mismo nivel del Proceso. Los Eventos de Vínculo ya no se utilizan para establecer comunicaciones entre Procesos o niveles de Procesos—Los Eventos de Señal, los cuales son nuevos en BPMN 1.1, son utilizados en su lugar.

Los Eventos de Vínculo se utilizan de dos formas:

- Como Conectores 'Off-Page'
- Como Objetos 'Go-To'

Comportamiento de Evento Intermedio de Vínculo

Cuando un token llega a un Evento de Vínculo Origen (desde el Flujo de Secuencia entrante), el Evento es disparado inmediatamente (véase Figura 8-57). Nótese que la distancia entre los Eventos es usualmente mucho mayor que la mostrada en la figura.

Figura 8-40—Un *token* llega al Evento de Vínculo *lanzador*

Una vez que el Evento de Vínculo Origen es disparado (el *lanzador*), el token inmediatamente salta hacia el (*Destino*) Evento de Vínculo *capturador* (véase Figura 8-58). La llegada del token al Evento de Vínculo Destino inmediatamente activa el Evento.

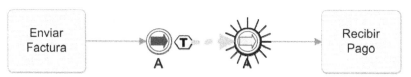

Figura 8-41—El *token* inmediatamente salta hacia el Evento de Vínculo *capturador*

Después de que el Evento de Vínculo Destino es activado, el *token* se mueve inmediatamente hacia el Flujo de Secuencia *saliente* del Evento (véase Figura 8-59).

Figura 8-42—El *token* se mueve hacia el Flujo de Secuencia *saliente*

En relación con la idea de que los Eventos de Vínculo vinculados actúen como un Flujo de Secuencia virtual, el token recorre el Flujo de Secuencia, saltando entre Eventos y moviéndose hacia el segundo Flujo de Secuencia; todo en el mismo tiempo que le llevaría al token recorrer un único Flujo de Secuencia (es decir, instantáneamente).

Off-Page Connectors

Los Eventos de Vínculo pueden mostrar cómo un Flujo de Secuencia continúa de una página a otra. La Figura 8-60 muestra un segmento de un Proceso que puede caber en una página. El extremo derecho de la página tiene el primero de un par de Eventos de Vínculo que conectan ese segmento del Proceso a otro segmento del Proceso en otra página. La Figura 8-61 muestra el Evento de Vínculo que realiza el matcheo.

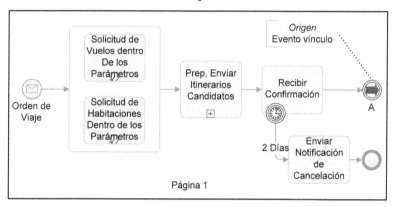

Figura 8-43—Un Evento de Vínculo *Origen* al *final* de una página impresa

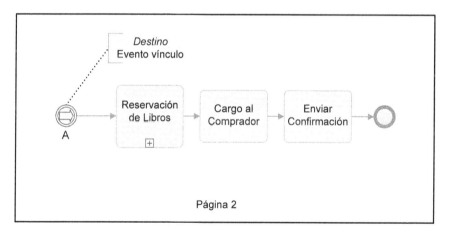

Figura 8-44—Un Evento de Vínculo *destino* al *comienzo* de una página impresa

Entre ellos, el par de Eventos de Vínculo crean un Flujo de Secuencia *virtual* que conecta la última Actividad en la Página 1 ("Recibir Confirmación") con la primera Actividad en la Página 2 ("Reservaciones de Libros").

Esto es útil para imprimir diagramas o para metodologías en las cuales se tiene un número limitado de objetos en una página (por ejemplo, IDEF limita el número de Actividades a 5 o 6 por página).

Objetos Go-To

Otro modo de usar Eventos de Vínculo es como "Objetos Go-To" (como se ve en la Figura 8-62).

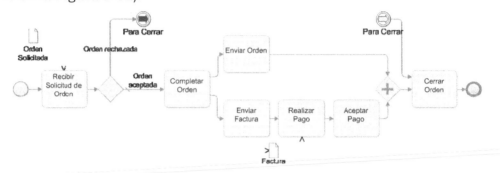

Figura 8-45—Eventos de Vínculo usados como objetos "Go-To"

El Proceso anterior contiene un ejemplo de un flujo que salta de un Evento de Vínculo a otro. Generalmente, los Eventos de Vínculo usados de esta manera evitan Flujos de Secuencia muy largos en diagramas (en general para diagramas que son mucho más grandes que este pequeño ejemplo).

Los Eventos de Vínculo pueden dirigir el flujo hacia abajo, como en el ejemplo, o pueden dirigir el flujo hacia *arriba* de nuevo, creando un loop. La única restricción es que el Flujo de Secuencia *virtual* creado debe ser una conexión válida.

Sólo puede haber un Evento de Vínculo *Destino*, pero pueden haber múltiples Eventos de Vínculo *Origen* vinculados con el mismo Evento de Vínculo *capturador*. Habrá un Flujo de Secuencia virtual separado para cada uno de los Eventos de Vínculo *Origen*.

Eventos Intermedios Múltiples

El Evento Intermedio Múltiple usa el símbolo de un pentágono dentro de la forma del Evento (véase Figura 8-63). Este representa una colección de *disparadores* de Evento Intermedio válidos. Sin embargo, la colección de *disparadores* debe ser o bien todos Eventos *lanzadores* o bien todos Eventos *capturadores*.

Capturando   Lanzando

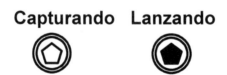

Figura 8-46—Eventos Intermedios Múltiples

Al *lanzar* la colección de *disparadores*, entonces el símbolo del pentágono tendrá relleno color negro. Los Eventos Intermedios de Vínculo, al ser un caso especial de Eventos vinculados, no pueden ser utilizados en un

Evento Intermedio Múltiple. En consecuencia, los *disparadores* que son válidos para este tipo de Eventos son: Mensaje, Compensación y Señal. Cuando un *token* al Evento este se activa (lanza) el conjunto entero de *disparadores* en la colección.

Al *capturar* la colección de *disparadores*, el símbolo del pentágono tiene un relleno blanco. Cualquier disparador dentro de la colección de *disparadores* activará el Evento.

El ícono para los Evento Intermedio Múltiple ha cambiado de una estrella de seis puntas a uno en forma de pentágono en BPMN 1.1 (como se muestra en la Figura 8-63, citada anteriormente).

Eventos de Fin

Un Evento de Fin marca cuando un Proceso, o más específicamente un "camino" dentro de un Proceso, finaliza[24] Un Evento de Fin es un pequeño círculo abierto con una única línea gruesa marcando su límite (véase Figura 8-64).

Figura 8-47—Un Evento de Fin

Al igual que los Eventos de Inicio y Eventos Intermedios, existen diferentes tipos de Eventos de Fin que indican diferentes categorías de *resultados* para el Proceso. Un *resultado* es algo que ocurre al final de un camino particular del Proceso (por ejemplo, un *mensaje* es enviado, o una *señal* es transmitida).

Todos los Eventos de Fin son *lanzadores de resultados* (es decir, no tiene sentido *capturar* al final de un Proceso). En consecuencia, símbolos de los Eventos tienen relleno color negro. Hay ocho tipos diferentes de Eventos de Fin, cada uno con su propia representación gráfica.

Nuevamente, se han agrupado los mismos de acuerdo a su tipo en *básicos* y *avanzados*:

Eventos de Fin Básicos (véase Figura 8-65):

- **Básico**—No se define ningún *resultado*.
- **Mensaje**—Comunicación con otra Entidad de Negocio (*participante* o Proceso).
- **Señal**—Define un Evento "broadcast" el cual cualquier otro Proceso puede ver y al cual puede reaccionar.
- **Terminador**—Detiene todas las Actividades del Proceso, incluso si están en curso en otros hilos de ejecución (Caminos Paralelos).

---

[24] Los Caminos se denominan a veces *threads*.

Eventos de Fin Básicos

Básico ⃝

Mensaje ⊙

Señal ⃝

Terminador ⃝

Figura 8-48—Tipos de Eventos de Fin *básicos*

Eventos de Inicio Avanzados (véase Figura 8-66):

- **Error**—Un estado final que interrumpirá el Proceso o requerirá corrección.
- **Cancelación**—Usado junto con el Sub-Proceso de Transacción, este Evento causa la cancelación de este tipo de Sub-Procesos. Es el *lanzador* para el *capturador* que está en el límite del Sub-Proceso de Transacción (véase "Transacciones y Compensación" en la página 172).
- **Compensación**—Usado además como parte del comportamiento del Sub-Proceso de Transacción, este Evento *lanza* el *disparador* para deshacer (en caso que la *instancia* necesite ser deshecha). Puede estar vinculado a una Actividad específica, o puede dejarse como un evento general de Compensación, caso en el cual se aplica globalmente a esta *instancia*.
- **Múltiple**—Define dos o más *resultados* Mensaje, Error, Compensación, o Señal (activa todos los *disparadores*).

Advanced End Events

Error

Cancelación

Compensación

Múltiple

Figura 8-49—Tipos de Eventos de Fin *avanzados*

En BPMN 1.1, el Evento de Fin de Señal reemplaza al Evento de Fin de Vínculo. El Evento de Señal es un mecanismo más general de comunicación dentro o entre Procesos. Este es un nuevo tipo de Evento en BPMN 1.1. Además, el símbolo del Evento para el Evento de Fin Múltiple cambió en BPMN 1.1. Otra adición en 1.1 fue la inclusión de un efecto global para el Evento de Fin de Compensación.

Conectando Eventos de Fin

Los Eventos de Fin tienen una restricción similar pero opuesta para las conexiones, al igual que los Eventos de Inicio. Solo los Flujos de Secuencia *entrantes* son permitidos—es decir, los Flujos de Secuencia no pueden salir <u>desde</u> un Evento de Fin—solo pueden llegar a un Evento de Fin (véase Figura 8-67).

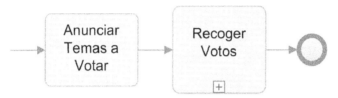

Figura 8-50—Un Evento de Fin usado en un Proceso

Comportamiento de Eventos de Fin

Los Eventos de Fin representan cuando el flujo de un Proceso termina, y por lo tanto, es cuando los tokens se consumen. Cuando un token llega a un Evento de Fin, el resultado del Evento, si lo hubiera, ocurre y el token es consumido (véase Figura 8-68).

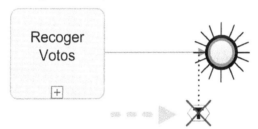

Figura 8-51—El *token* es consumido cuando llega a un Evento de Fin.

El camino del Proceso se completa en el momento que el *token* es consumido por el Evento de Fin. Por supuesto, pueden aparecer múltiples Eventos de Fin dentro de un Proceso (véase Figura 8-69). Debido a esto, es posible tener uno o más hilos de ejecución que continúan incluso después de que el *token* en un camino llagó a un Evento de Fin y fue consumido. Si el Proceso sigue conteniendo un *token* no consumido, entonces el Proceso se mantendrá "activo". Luego de que todos los hilos de ejecución activos hayan llegado a un Evento de Fin, el Proceso se completa. Nótese que algunos caminos de un Proceso pueden no ser atravesados por un *token* durante una ejecución específica de un Proceso.

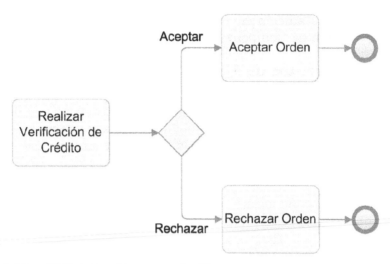

Figura 8-52—Múltiples Eventos de Fin en un Proceso.

Eventos de Fin Básicos

Un Evento de Fin sin *resultado* es conocido como Evento de Fin Básico. Dado que no hay un *resultado* definido, no hay ningún símbolo en el centro de la forma (véase Figura 8-70). Además, un Evento de Fin Básico es <u>siempre</u> usado para marcar el fin de un Sub-Proceso (pasando de un nivel al siguiente).

Figura 8-53—Un Evento de Fin Básico

Eventos de Fin Mensaje

El Evento de Fin de Mensaje usa el símbolo de un sobre dentro de la forma del Evento (véase Figura 8-66, citada anteriormente). Este indica que el fin del camino de un Proceso resulta en el <u>envío</u> de un *mensaje* a otro *participante* o Proceso (es decir, no puede comunicarse con un Evento Intermedio Mensaje *capturador* en el mismo Pool). Cuando un *token* llega a un Evento de Fin de *mensaje,* el *mensaje* es enviado y el *token* es consumido (véase Figura 8-71).

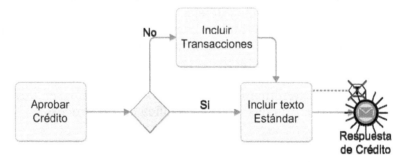

Figura 8-54—Ejemplo de un Evento de Fin de Mensaje

Evento de Fin Señal

El Evento de Fin de Señal usa el símbolo de un triángulo relleno de color negro dentro de la forma del Evento (véase Figura 8-72). Este indica que el fin del camino de un Proceso resulta en la transmisión de una *señal*. Cuando un *token* alcanza el Evento de Fin de Señal, este provoca la transmisión antes de consumir el *token*.

Figura 8-55—Un Evento de Fin Señal

Para más detalles acerca de cómo son utilizados los Eventos de Señal, consulte "Eventos Intermedios Señal" en la página 103.

Evento de Fin Terminador

El Evento de Fin Terminador usa el símbolo de un círculo con relleno color negro dentro de la forma del Evento (véase Figura 8-66, citada anteriormente). Este Evento de Fin tiene una característica especial que lo diferencia de todos los otros tipos de Eventos de Fin. El Evento de Fin Terminador causará la inmediata suspensión de la instancia del Proceso en su nivel actual y para cualquiera de sus Sub-Procesos (aún cuando todavía hay actividad en curso), pero no va a terminar un Proceso padre de nivel superior. Efectivamente, termina el hilos de ejecución actual y causa que todos los otros hilos de ejecución activos finalicen inmediatamente, independientemente de sus respectivos estados.

La Figura 8-73 provee un ejemplo de cómo un Evento de Fin Terminador es usado a menudo. En este Proceso, hay dos hilos de ejecución. El camino superior es efectivamente un loop infinito que envía un mensaje cada siete días. Cuando el camino inferior llega al Evento de Fin Terminador el trabajo del camino superior será detenido, con lo que se detendrá el loop infinito.

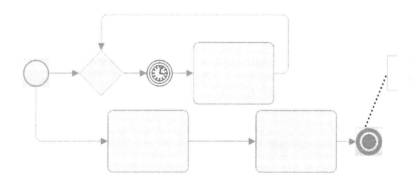

Figura 8-56—Un Evento de Fin Terminador

Los Eventos de Fin Terminadores son utilizados ampliamente ya que pueden facilitar una gran flexibilidad en combinación con otras características de BPMN. Por ejemplo, un hilos de ejecución separado podría disparar escaladas y alertas no interrumpibles, salvo que el proceso se complete a tiempo (con el Evento de Fin Terminador); luego el otro hilo de ejecución nunca se iniciará. Vea la Figura 8-36 para un ejemplo.

Evento de Fin de Error

El Evento de Fin de Error representa una situación donde el fin del camino de un Proceso resulta en un *error*. Este tipo de Eventos tiene el símbolo de un rayo dentro de la forma del Evento.

La Figura 8-74 muestra un ejemplo donde es usado un Evento de Fin de Error. El *error* lanzado por el Evento será capturado por un Evento Intermedio en un nivel superior (véase Figura 8-75, más abajo).

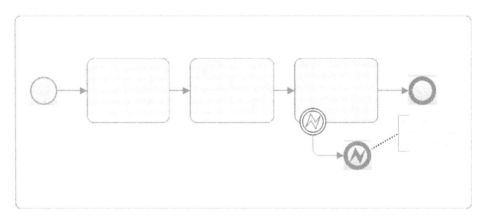

Figura 8-57—Ejemplo de un Evento de Fin de Error.

Además del nombre del Evento, la definición del *error* incluye un *código de error*. Este código de error es usado por Eventos que están esperando para *capturar el error*.

A diferencia de las *señales*, los *errores* no son emitidos a lo largo o a través de Procesos. Los *errores* tienen un alcance específico de visibilidad. Un *error* puede ser visto solamente por un Proceso *padre*. Otros Procesos en el mismo nivel o dentro de Pools diferentes no pueden ver el error. Los errores sólo ascienden en la jerarquía de Procesos. Si llegara a ocurrir que más de un nivel de Proceso fuera superior que el Evento de Fin de Error, entonces el primer nivel que tenga un Evento Intermedio de Error *capturador* adjunto a su límite será interrumpido, aun cuando haya niveles superiores que posiblemente podrían *capturar* el mismo *error*.

La Figura 8-75 muestra cómo los Eventos Intermedios de Error adjuntos al límite de un Sub-Proceso son usados para capturar *errores* lanzados dentro de las actividades internas. El *error* lanzado por el Evento de Fin dentro del Sub-Proceso "Manejar Envío" (como se muestra en la Figura 8-

74, citada anteriormente) es atrapado por el Evento Intermedio de Error "Falló Envío".

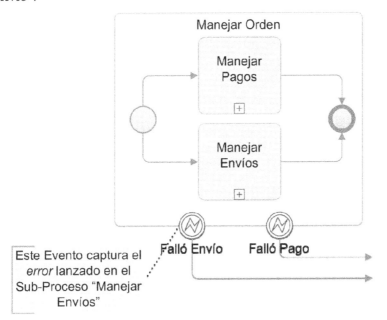

Este Evento captura el *error* lanzado en el Sub-Proceso "Manejar Envíos"

Figura 8-58—Capturando el *error* de un Evento de Fin de Error

Nótese que el Sub-Proceso anterior tiene dos Eventos Intermedios de Error diferentes adjuntos a su límite. Cada uno esta diseñado para manejar un *error* diferente.

Evento de Fin de Cancelación

El Evento de Fin de Cancelación usa el símbolo "X" dentro de la forma del Evento (véase Figura 8-76). Este indica que el fin del camino de un Proceso resulta en la cancelación de un Sub-Proceso de Transacción.

Figura 8-59—Un Evento de Fin de Cancelación

Para *cancelar* el Sub-Proceso de Transacción, el Evento de Fin de Cancelación debe estar contenido dentro del Sub-Proceso o dentro de un Sub-Proceso *hijo* de nivel inferior. Consulte "Transacciones y Compensación" en la página 172 para más detalles acerca de cómo los Sub-Proceso de Transacción son cancelados.

Evento de Fin de Compensación

El Evento de Fin de Compensación indica que el final del camino de un Proceso resulta en la activación de una *compensación*. Es distinguido de otros tipos de Eventos de Fin por el símbolo de "rebobinar" que es colocado dentro de la forma del Evento (véase Figura 8-77).

Figura 8-60—Un Evento de Fin de Compensación

En la definición del Evento de Fin de Compensación, el nombre de una Actividad puede ser identificado como la Actividad que debe ser *compensada*. La Actividad debe estar dentro del Proceso, ya sea en el Proceso de nivel más alto o dentro de un Sub-Proceso. Si la Actividad nombrada fue completada y tiene un Evento Intermedio de Compensación adjunto, entonces esa Actividad será *compensada* (vea más acerca de "Evento Intermedio de Compensación" en la página 112).

Si una Actividad <u>no</u> es identificada en la definición del Evento Intermedio de Compensación, entonces el comportamiento resultante es una *compensación vacía*. Todas las Actividades *completadas* dentro de la instancia del Proceso que tengan un Evento Intermedio de Compensación adjunto son *compensadas*.

Un ejemplo sobre cómo es manejada la *compensación* es detallado en "Transacciones y Compensación" en la página 172.

Evento de Fin Múltiple

El Evento de Fin Múltiple usa el símbolo de un pentágono dentro de la forma del Evento (véase Figura 8-78). Representa una colección de dos o más *resultados* de Eventos de Fin. Los *resultados* pueden ser cualquier combinación de *mensajes*, *errores*, *compensaciones*, y/o *señales*. Cuando un *token* llega al Evento, este dispara (lanza) el conjunto entero de *resultados* en la colección.

Figura 8-61—Un Evento de Fin Múltiple

El ícono para el Evento de Fin Múltiple ha cambiado de una estrella de seis puntas a la forma de un pentágono, en BPMN 1.1 (como se muestra en la Figura 8-78).

Capítulo 9. Gateways

Los Gateways son elementos de modelado que controlan cómo el Proceso diverge o converge—es decir, representan puntos de control para los caminos dentro de los Procesos. Dividen y unifican el flujo de un Proceso (a través del Flujo de Secuencia). Todos los Gateways tienen en común la forma de un diamante (véase Figura 9-1).

Figura 9-1—Un Gateway

La idea subyacente es que los Gateways son innecesarios si el Flujo de Secuencia no requiere ser controlado. Ejemplos de control de flujo incluye los caminos alternativos de una decisión en un Proceso—por ejemplo, elegir un camino si "Si" y el otro si "No"; o esperar por dos caminos separados a fin de alcanzar cierto punto antes de que el Proceso pueda continuar (un punto de sincronización). Ambos ejemplos usarían un Gateway para controlar el flujo.

Un Gateway *divide* el flujo cuando este tiene múltiples Flujos de Secuencia *salientes* y unificará el flujo cuando este tiene múltiples Flujos de Secuencia *entrantes* (véase Figura 9-2). Un solo Gateway puede tener múltiples Flujos de Secuencia tanto *entrantes* como *salientes* (es decir, ambos *unifican* y *dividen* al mismo tiempo).

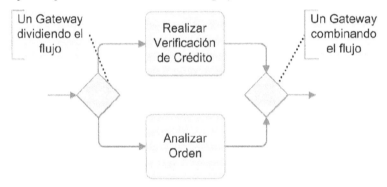

Figura 9-2—Gateways *dividiendo* y *unificando* el flujo de Proceso

Dado que hay diferentes formas de controlar el flujo de un Proceso, hay diferentes tipos de Gateways. Mientras que todos comparten la misma forma básica (un diamante), los símbolos internos diferencian el comportamiento que cada uno representa. Los dos Gateways comúnmente más usados son el Exclusivo y Paralelo. El Gateway Evento es comúnmente menos usado (en este punto), pero se cree que se volverán más importante cuando los modeladores se familiaricen (eduquen) con sus capacidades.

[25] Estos tres Gateways integran el set de Gateways *básicos* (véase Figura 9-3).

Gateways *Básicos*:

- **Exclusivo**—*Dividiendo*: el Gateway enviará un *token* a través de solo <u>un</u> camino *saliente* (exclusivamente) dependiendo de la evaluación de las *condiciones* del Flujo de Secuencia. *Unificando*: el Gateway "hará pasar" cualquier *token* de cualquiera de los caminos *entrantes*.
- **Evento**—*Dividiendo*: el Gateway envía un *token* a través de solo un camino *saliente* (exclusivamente) dependiendo de la ocurrencia de un Evento específico (por ejemplo, el arribo de un *mensaje*). *Unificando*: el Gateway "hará pasar" cualquier *token* de cualquiera de los caminos *entrantes*.
- **Paralelo**—*Dividiendo*: el Gateway enviará un *token* a través de <u>todos</u> los caminos *salientes* (en paralelo). *Unificando*: el Gateway esperará por un *token* de todos los caminos *entrantes*.

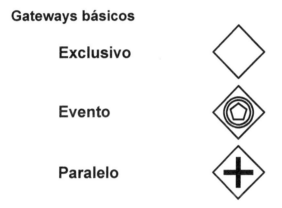

Figura 9-3—Gateways básicos

Los dos tipos restantes de Gateways (Inclusivos y Complejos) componen la lista de Gateways *avanzados* (véase Figura 9-4).

Gateways *Avanzados*:

- **Inclusivos**—*Dividiendo*: el Gateway enviará un *token* de <u>uno a todos</u> los caminos *salientes* (inclusivamente) dependiendo de la evaluación de todas las condiciones del Flujo de Secuencia. *Unificando*: el Gateway esperará por un *token* de uno a todos los caminos *entrantes* dependiendo de cuales caminos esperan un *token*.
- **Complejos**—*Dividiendo*: el Gateway enviará un *token* de uno a todos los caminos *salientes* (inclusivamente) dependiendo de la evaluación de una única condición del Gateway. *Unificando*: el Gate-

---

[25] Aunque el Gateway Basado en Eventos no es ampliamente usado en la actualidad, se cree que esto es debido al hecho de que pocas personas lo comprenden. Este es incluido en el conjunto *básico* dado que es una construcción muy útil.

way esperará por un *token* de uno a todos los caminos *entrantes* dependiendo de la evaluación de una única *condición* del Gateway.

Gateways avanzados

Inclusivo

Complejo

Figura 9-4—Gateways *Avanzados*

El tipo (dividiendo y unificando) para un solo Gateway debe ser correspondido—es decir, un Gateway no puede ser Paralelo en el lado de entrada, y Exclusivo en el lado saliente. Nótese que los Flujos de Secuencia entrantes y salientes pueden conectarse a cualquier punto en el límite del Gateway. No están obligados a conectarse a cualquier punto predeterminado de la forma de diamante perteneciente al Gateway, como las esquinas del mismo (aunque algunos fabricantes podrían imponer esta restricción en sus herramientas de modelado).

Cuatro de los Gateways (Exclusivo, Paralelo, Inclusivo, y Evento) tienen un comportamiento predefinido (es decir, maneras de controlar el flujo). El quinto tipo, el Gateway Complejo, provee un mecanismo para que un Modelador especifique (programe) cualquier comportamiento deseado.

Gateways Exclusivos

Los Gateways Exclusivos son puntos dentro de un Proceso donde hay dos o más caminos alternativos. Piense en ellos como una "bifurcación en el camino" del Proceso—usualmente, ellos representan una decisión. Al igual que todos los Gateways, el Gateways Exclusivo, utiliza una forma de diamante. Los criterios para la decisión, la cual representa el Gateways Exclusivo, existen como *condiciones* en cada uno de los Flujos de Secuencia *salientes*. Dependiendo del nivel de detalle del modelo, las condiciones están definidas como texto regular (por ejemplo, "Si" o "No") o como *expresiones* (por ejemplo, "monto_de_orden > $100,000.00").

Como todos los Gateways, los Gateways Exclusivos tienen un símbolo interno (una "X"). Sin embargo, la exhibición de este símbolo es opcional y, de hecho, la presentación por defecto del Gateway Exclusivo es sin el símbolo (véase Figura 9.5). [26]

---

[26] Todos los ejemplos de Procesos en este libro usarán el Gateway Exclusivo <u>sin</u> el símbolo interno.

Figura 9-5—Un Gateway Exclusivo con y sin símbolo interno

Comportamiento Divisor de un Gateway Exclusivo

Los Gateways Exclusivos dividirán el flujo cuando tengan dos o más caminos *salientes*. El Proceso (un *token*) continuará a través de uno solo de ellos. De esta manera, al considerar los *tokens,* incluso cuando existan múltiples Flujos de Secuencia *saliente,* solo <u>un</u> *token* es pasado a través de <u>uno</u> de esos Flujos de Secuencia.

Cuando un *token* llega a un Gateway Exclusivo (véase Figura 9-6), ocurre una inmediata evaluación de las condiciones que hay en el Flujo de Secuencia *saliente* del Gateway. Una de esas *condiciones* siempre <u>debe</u> ser evaluada como verdadera.

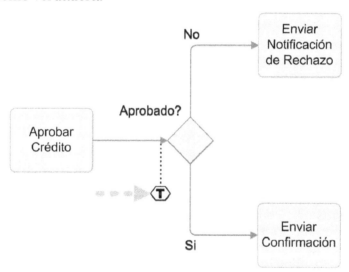

Figura 9-6—Un *token* llega a un Gateway Exclusivo y es dirigido hacia uno de los Flujos de Secuencia *salientes*

La evaluación de las *condiciones* del Flujo de Secuencia es hecha en realidad de a una por vez, en el orden en que son listadas en los atributos del Gateway (no necesariamente son presentadas en el diagrama en orden arbitrario). El *token* se mueve hacia el <u>primer</u> Flujo de Secuencia con la *condición* que evalúa en *verdadero.* Así que si sucede que más de una *condición* es *verdadera,* entonces después de la primera identificada, el Gateway ignorará todas las *condiciones verdaderas* restantes—nunca las evalúa. Utilice un Gateway <u>Inclusivo</u> si el Proceso necesita activar más de un Flujo de Secuencia *saliente* (consulte página 140).

La *condición* que se evalúa a *verdadero* suele ser diferente cada vez que el Proceso es ejecutado, o cada vez que las *condiciones* de un Gateway Exclusivo son evaluadas (por ejemplo, si el Gateway es parte de un loop). Por ejemplo, en la Figura 9-7, si la *condición* para el Flujo de Secuencia *saliente* inferior ("Si") del Gateway es *verdadera*, entonces el *token* será enviado por ese camino.

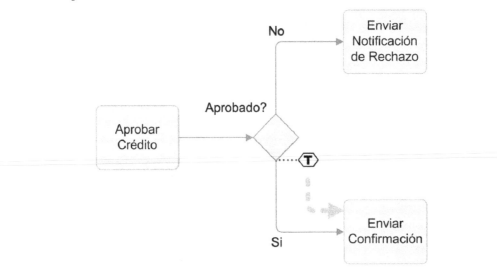

Figura 9-7—Un Gateway Exclusivo usando *condiciones* para bifurcar el Flujo de Secuencia

Quizás la próxima vez que el *token* alcance el Gateway Exclusivo, la *condición* para el Flujo de Secuencia superior ("No") sea verdadera y el *token* será enviado por ese camino.

Como se mencionó anteriormente, una de las *condiciones* en el Flujo de Secuencia *saliente* <u>debe</u> evaluarse a *verdadero*. Esto significa que el modelador debe definir las *condiciones* para cumplir este requerimiento. Si las *condiciones* son complicadas, podría no ser obvio que al menos una *condición* será *verdadera* para todas las ejecuciones del Proceso. Si resulta que ninguna *condición* es *verdadera*, entonces el Proceso quedará atascado en el Gateway y no se completará con normalidad.

Mejor Práctica: **Usar una condición por defecto**—*una forma que tiene el modelador de asegurarse que el Proceso no se quedará atascado en un Gateway Exclusivo es utilizando una* condición *por defecto para uno de los Flujos de Secuencia salientes (véase Figura 9-8). Esto crea un Flujo de Secuencia Predeterminado (consulte en la página 162). El Flujo de Secuencia Predeterminado es elegido si* <u>todas</u> *las otras* condiciones *de Flujos de Secuencia se evalúan en* falso.

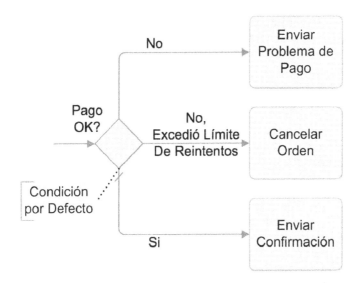

Figura 9-8—Un Gateway Exclusivo con un Flujo de Secuencia por Defecto

Comportamiento Unificador de un Gateway Exclusivo

Los Gateways Exclusivos pueden también unificar Flujos de Secuencia. Esto es, pueden tener múltiples Flujos de Secuencia *entrantes*. Sin embargo, cuando un *token* llega al Gateway Exclusivo, no hay evaluación de *condiciones* (en el Flujo de Secuencia *entrante*), ni hay algún tipo de sincronización de *tokens* que podrían venir de otro Flujo de Secuencia *entrante*. El *token*, cuando llega, inmediatamente se mueve hacia el Flujo de Secuencia *saliente*. Efectivamente, existe un inmediato "pasaje directo" del *token* (véase Figura 9-9).

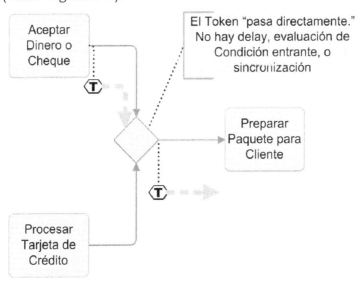

Figura 9-9—Un *token* "pasa directamente" uno de los Flujos de Secuencia *entrantes* de un Gateway Exclusivo

Nótese que cuando el Gateway Exclusivo tiene sólo un Flujo de Secuencia *saliente*, entonces ese Flujo de Secuencia no tendrá una *condición*. Si el Gateway tiene también múltiples Flujos de Secuencia *saliente*, entonces el Flujo de Secuencia tendrá *condiciones* a ser evaluadas como se describió en la sección anterior.

Si otro *token* llega desde otro Flujo de Secuencia *entrante*, entonces también pasará directamente de un lado a otro, activando el Flujo de Secuencia *saliente* nuevamente—es decir, habrán dos *instancias* del "Preparar Paquete para Cliente" en la Figura 9-9, citada anteriormente.

La mayor parte del tiempo, el modelador probablemente no necesitará preocuparse por este comportamiento ya que un Gateway Exclusivo *bifurcador* (*divisor*) normalmente precede la *unificación*. En tales condiciones, solo un *token* llegará a la *unificación* de cualquier manera. Algunas veces vendrá desde un camino y otras veces desde otro.

Por otra parte, puede haber situaciones en que hay (potencialmente) múltiples *tokens* llegando a un Gateway. En tales circunstancias, si el comportamiento esperado es que sólo el primer *token* debe pasar (ignorando el resto), entonces es necesario un Gateway Complejo (véase Figura 9-32).

El comportamiento de los otros tipos de Gateways usualmente incluye esperar por (sincronizar) otros *tokens* de otros Flujos de Secuencia *entrantes* (como se debatirá más tarde), pero este no es el caso de los Gateways Exclusivos.

Gateways Exclusivos Basados en Eventos

Los Gateways Exclusivos Basados en Eventos representan un punto de bifurcación alternativo donde la decisión está basada en <u>dos o más Eventos</u> que pueden ocurrir, en vez de *condiciones* orientadas a datos (como en un Gateway Exclusivo). Usualmente se hará referencia a "Gateway Evento", al referirse a este Gateway. Ya que más de un Evento controla el Gateway Basado en Eventos, el símbolo dentro del diamante es el mismo que el utilizado en el Evento Intermedio Múltiple (un pentágono rodeado por dos círculos concéntricos—véase Figura 9-10).

Figura 9-10—Un Gateway Evento

Los Procesos que involucran comunicaciones con un participante de negocio o alguna entidad externa, a menudo necesitan este tipo de comportamiento. Por ejemplo, si el participante de negocio envía un *mensaje* que dice "Si, hagámoslo" el Proceso se dirigirá hacia un camino. Si, por otro lado, el participante de negocio envía un *mensaje* que dice "No gracias", el Proceso necesita dirigirse hacia otro camino. Y si el participante de negocio no responde, entonces un Temporizador está obligado a prevenir que el Proceso caiga en deadlock. Los Gateway Basado en Eventos permiten este tipo de flexibilidad. Varios ejemplos de Gateway Basado en Eventos son usados en los capítulos introductorios, como los mostrados en las Figuras 5-7 y la Figura 5-12.

Nótese que el símbolo para el Gateway Evento Exclusivo cambió en BPMN 1.1. Esto se debe a que el símbolo del Gateway es un Evento Intermedio Múltiple, el cual se ha convertido en un pentágono de una estrella de seis puntas).

Comportamiento Divisor de un Gateway Evento

El Gateway Evento es único en BPMN en el hecho de que su comportamiento normal esta realmente determinado por una combinación de *objetos de flujo*. El Gateway por si solo no es suficiente para lograr la *división* exclusiva del flujo. El Gateway Evento usa además una combinación de Eventos Intermedios para crear el comportamiento. Estos Eventos, los cuales deben ser de la variedad de *captura*, son los primeros objetos conectados por el Flujo de Secuencia *saliente* del Gateway (véase Figura 9-11—el Grupo que rodea la configuración del Gateway provee énfasis).

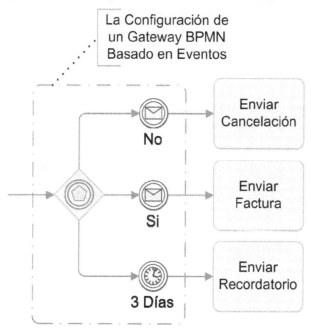

Figura 9-11—Una configuración de un Gateway Evento (con un Grupo añadido para hacer énfasis)

Los siguientes Eventos Intermedios *capturadores* son válidos en un Gateway Evento Exclusivo:

- Mensaje
- Temporizador
- Condicional

- Señal

En lugar de los Eventos Intermedios de Mensaje pueden ser usados también Tareas de Recepción. Sin embargo, no es posible combinar ambos (Evento Intermedio de Mensaje y Tareas de Recepción).

Cuando un *token* llega al Gateway (véase Figura 9-12) inmediatamente atravesará el Gateway y luego se dividirá enviando un *token* a cada uno de los Eventos que siguen al Gateway (véase Figura 9.13).

Figura 9-12—Un *token* llega a un Gateway Evento

Dado que todos los Eventos Intermedios son Eventos capturadores, los *tokens* esperarán allí hasta que uno de los Eventos sea disparado.

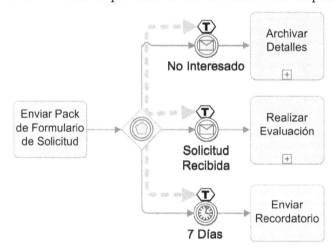

Figura 9-13—El *token* se divide y envía a todos los Flujos de Secuencia *salientes* del Gateway

La situación aquí es similar a una Actividad con Eventos Intermedios adjuntos (consulte "Interrupción de Actividades mediante Eventos" en la página 94). Los Eventos Intermedios que son parte de la configuración del Gateway se ven involucrados en una *condición de carrera*. Cualquiera de ellos que termine primero (se dispare) ganará la *carrera* y tomará el control del Proceso junto con su *token*. Luego el *token* continuará inmediatamente hacia su Flujo de Secuencia *saliente* (desde ese Evento Intermedio—véase Figura 9-14). Los *tokens* esperando en los otros Eventos se consumen inmediatamente, inhabilitando esos caminos.

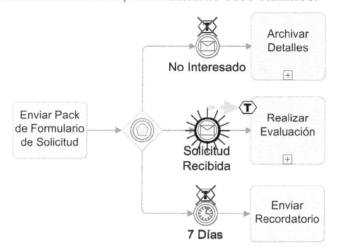

Figura 9-14—El Evento que es disparado "elige" el camino

Siempre existe el riesgo de que el Evento elegido de la configuración del Gateway Evento pueda no ocurrir para una *instancia* de Proceso dada. Si ninguno de los Eventos son disparados, no importa por qué razón, entonces el Proceso quedará atascado en el Gateway y no se completará con normalidad. Si ninguno de los otros Eventos se activa, entonces el *temporizador* eventualmente se disparará, permitiendo al Proceso continuar (y encargarse de por qué los otros Eventos nunca ocurrieron).

Mejor Práctica: **Use un Evento Intermedio Temporizado con un Gateway Evento—***Una forma que tiene el modelador para asegurarse de que el Proceso no se quedará atascado en el Gateway Exclusivo Basado en Eventos es utilizando un Evento Intermedio Temporizado como una de las opciones del Gateway (véase Figura 9-11, citada anteriormente).*

Comportamiento Unificador de un Gateway Evento

A diferencia de todos los otros Gateways, el Gateway Evento es <u>siempre</u> utilizado para *dividir* el flujo de Proceso. Sin embargo, al mismo tiempo, los mismos *unifican* el flujo de Proceso. El comportamiento unificador del Gateway Evento es exactamente el mismo que el comportamiento unificador del Gateway Exclusivo (consulte "Comportamiento Unificador de un Gateway Exclusivo" en la página 131).

Gateways Paralelos

Los Gateways Paralelos insertan una división en el Proceso para crear dos o más hilos de ejecución paralelos. Estos pueden además unificar caminos paralelos. El símbolo "+" es usado para identificar este tipo de Gateway (véase Figura 9-15).

Figura 9-15—Un *Gateway Paralelo*

Gateway Paralelo Dividiendo

Los Gateways Paralelos dividirán el flujo cuando tengan dos o más caminos *salientes*. Cuando un *token* llega al Gateway Paralelo (véase Figura 9-16), no hay evaluación de ninguna *condición* en el Flujo de Secuencia *saliente* (a diferencia del Gateway Exclusivo).

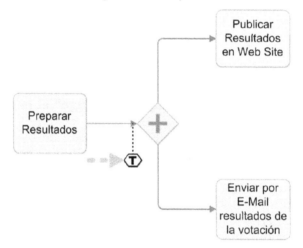

Figura 9-16—Un solo *token* llegando al Gateway Paralelo

Por definición, el Gateway Paralelo creará caminos paralelos. Esto significa que el Gateway creará un número de *tokens* equivalente al número de Flujos de Secuencia *salientes*. Un *token* se mueve hacia <u>cada uno</u> de estos Flujos de Secuencia *salientes* (véase Figura 9-17). No hay delay entre la llegada del *token* al Gateway y los *tokens* abandonando el Gateway.

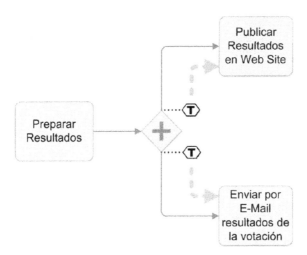

Figura 9-17—Dos *tokens* **abandonando un Gateway Paralelo**

Gateway Paralelo Unificando

Utilice un Gateway Paralelo unificador cuando caminos paralelos requieran ser sincronizados antes que el Proceso pueda continuar. Para sincronizar el flujo, el Gateway Paralelo esperará que un *token* llegue desde cada uno de los Flujos de Secuencia *entrantes*. Cuando el primer *token* llega, no hay evaluación de *condición* para el Flujo de Secuencia *entrante*, pero el *token* es "retenido" en el Gateway y no continúa (véase Figura 9-18).

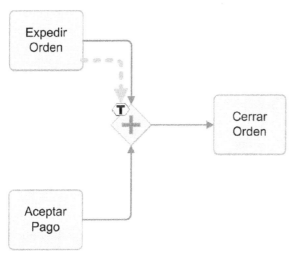

Figura 9-18—Un Gateway Paralelo *unificando* **el Flujo de Secuencia**

Estos *tokens* "retenidos" continuarán así hasta que llegue un *token* desde todos los Flujos de Secuencia *entrantes* (véase Figura 9-19).

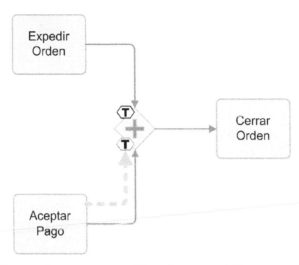

Figura 9-19—Los *tokens* son *unificados* en el Gateway Paralelo

Cuando <u>todos</u> los *tokens* hayan llegado, entonces los mismos son unificados y un *token* se mueve hacia el Flujo de Secuencia *saliente* (véase Figura 9-20).

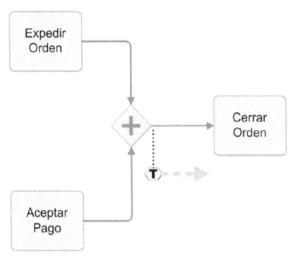

Figura 9-20—El *token* puede seguir su camino una vez que todos los *tokens entrantes* son recibidos

Si hay más de un Flujo de Secuencia *saliente* a la salida de un Gateway Paralelo *unificador*, entonces cada uno recibirá un *token* cuando todos los Flujos de Secuencia *entrantes* hayan arribado. En efecto, esto creará otro set de hilos de ejecución paralelos.

Mejor Práctica: **Asegúrese que el número de Flujos de Secuencia entrantes *es correcto para el Gateway Paralelo** —El punto clave es practicar con cautela, asegurando que los Gateways Paralelos unificadores tienen el número correcto de Flujos de Secuencia entrantes—especialmente cuando son usados en conjunto con otros*

Gateways. Como guía, los modeladores deberían hacer concordar los Gateways Paralelos unificadores y divisores (si el comportamiento deseado es unificarlos nuevamente). [27].

Si el número de Flujos de Secuencia *entrantes* no concuerda con el número de *tokens* que realmente llegarán, entonces el proceso se atascará en el Gateway Paralelo, esperando por un *token* que nunca se materializará—es decir, el Proceso puede no completarse nunca correctamente. La Figura 9-21 provee un ejemplo de tal configuración de Proceso.

Figura 9-21—Un ejemplo de uso <u>incorrecto</u> de un Gateway Paralelo *Unificador*

La forma correcta de modelar esta situación es mostrada en la Figura 9-22. Esto implica colocar un Gateway Exclusivo antes que el Gateway Paralelo unificador, para reducir el número de Flujos de Secuencia *entrantes* (en este caso, hasta dos).

Figura 9-22—Haciendo concordar el número de entradas en un Gateway Paralelo *unificador*

---

[27] Por supuesto, es posible dividir el flujo en un Gateway Paralelo y nunca volver a recombinar los hilos. Al final, cada hilo finalizará en un Evento de Fin.

Gateways Inclusivos

Los Gateways Inclusivos soportan las decisiones donde es posible más de un resultado en el punto de decisión. El símbolo "O" identifica este tipo de Gateway (véase Figura 9-23).

Figura 9-23—Un Gateway Inclusivo

Comportamiento Divisor de un Gateway Inclusivo

Al igual que los Gateways Exclusivos, un Gateway Inclusivo con múltiples Flujos de Secuencia salientes crea caminos alternativos basados en las *condiciones* de estos Flujos de Secuencia. La diferencia es que los Gateways Inclusivos activan uno o más caminos;[28] mientras que el Gateway Exclusivo activará solamente un Flujo de Secuencia *saliente* y el Gateway Paralelo activará todos los Flujos de Secuencia *salientes*.

Cuando un *token* llega a un Gateway Inclusivo (véase Figura 9-24), se da una inmediata evaluación de todas las *condiciones* existentes en el Flujo de Secuencia *saliente* del Gateway.

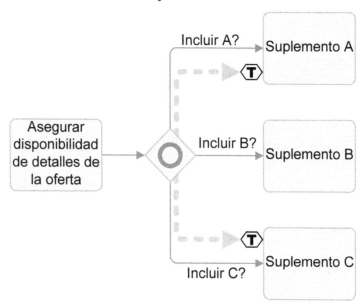

Figura 9-24—Un *token* llega a un Gateway Inclusivo

---

[28] Existe otro mecanismo para crear una división inclusiva. Este es logrado utilizando múltiples Flujos de Secuencia Condicionales salientes de una Actividad (consulte Flujo de Secuencia Condicional en la página 187).

Cada *condición* que se evalúa a *verdadero* resultará en un *token* moviéndose hacia ese Flujo de Secuencia. Al igual que el Gateway Exclusivo, al menos una de esas *condiciones* <u>debe</u> evaluarse a *verdadero*. Esto significa que cualquier combinación de Flujo de Secuencia, de uno de ellos a todos, puede recibir un *token* cada vez que el Gateway es utilizado. En la Figura 9-25, si la *condición* para el Flujo de Secuencia *saliente* superior ("Incluir A?") y la condición para el Flujo de Secuencia *saliente* intermedio ("Incluir B?") son verdaderas, entonces los *tokens* se moverán hacia ambos caminos.

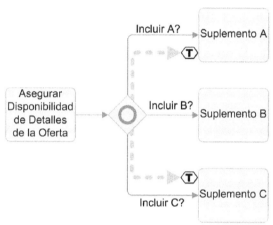

Figura 9-25—Un *token* es dirigido hacia uno o más de los Flujos de Secuencia *salientes*

Otra vez que un *token* alcance el Gateway Exclusivo, podría decidir que la condición del Flujo de Secuencia *saliente* intermedio ("Incluir B?") es la única que se evalúa a *verdadero*, conduciendo a un *token* a continuar por ese camino.

Como se describió para en "Comportamiento Divisor de un Gateway Exclusivo", anteriormente (véase página 129), una de las *condiciones* en el Flujo de Secuencia *saliente* <u>debe</u> evaluarse a *verdadero* o el Proceso quedará atascado en el Gateway y no se completará con normalidad.

Mejor Práctica: **Usar una condición por defecto** *—Una forma que tiene el modelador para asegurarse que el Proceso no se quedará atascado en el Gateway Inclusivo, es utilizando una condición por defecto para uno de los Flujos de Secuencia salientes. Este Flujo de Secuencia por Defecto se evaluará siempre a verdadero si <u>todas</u> las otras condiciones de Flujos de Secuencia resultan ser falsas (véase "Flujo de Secuencia Predeterminado" en la página 162).*

Comportamiento Unificador de un Gateway Inclusivo

El comportamiento *unificador* del Gateway Inclusivo es una de las partes más complejas de entender de BPMN. El Gateway sincronizará el flujo del

Proceso al igual que el Gateway Paralelo (consulte página 135), pero lo hace de un modo que refleja la salida del Gateway Inclusivo *divisor*. Esto es, el Gateway sincronizará de <u>uno a todos</u> los Flujos de Secuencia *entrantes* del Gateway. El Gateway determinará cuántos caminos se espera que tengan un *token*.

Mediante un ejemplo se ilustrará cómo el Gateway Inclusivo realiza esta sincronización. Cuando el primer *token* llega al Gateway (véase Figura 9-26), el mismo "mirará" hacia cada uno de los otros Flujos de Secuencia *entrantes* para ver si hay un *token* que podría llegar en un momento posterior. En la figura, hay otro *token* en el camino inferior, parado en la Tarea "Suplemento C", pero no hay un *token* en el camino intermedio (en la Tarea "Suplemento B" desde la que pueda llegar).

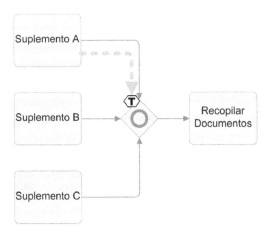

Figura 9-26—Un *token* llega a un Gateway Inclusivo

De esta manera, el Gateway mantendrá el primer *token* que arribó en el camino superior, hasta que otro *token* del camino inferior llegue (véase Figura 9-27).

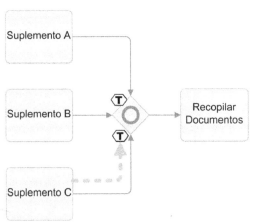

Figura 9-27—Un segundo *token* llega a un Gateway Inclusivo, sincronizando el flujo

Cuando todos los *tokens* esperados hayan arribado al Gateway, el flujo de Proceso es sincronizado (los *tokens entrantes* son *unificados*) y entonces un *token* se mueve hacia el Flujo de Secuencia *saliente* del Gateway (véase Figura 9-28).

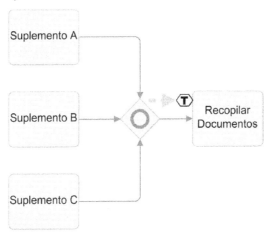

Figura 9-28—El *token* es enviado hacia el Flujo de Secuencia *saliente*

La Figura 9-29 muestra una *instancia* diferente del Gateway, donde un *token* llega desde el camino intermedio mientras no hay ningún otro *token* esperando otro que pueda llegar, ya sea en el camino superior o en el inferior. En ese caso, el *token* se moverá inmediatamente hacia el Flujo de Secuencia *saliente* (como en la Figura 9-28, citada anteriormente).

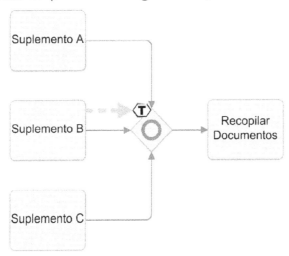

Figura 9-29—Un *token* llega a un Gateway Inclusivo que no necesita sincronización

Nótese que cuando el Gateway Inclusivo tiene solo un Flujo de Secuencia *saliente*, entonces ese Flujo de Secuencia no tendrá una *condición*. Si el Gateway tiene además múltiples Flujos de Secuencia *salientes*, entonces el Flujo de Secuencia tendrá *condiciones* a ser evaluada como fue descrito en la sección anterior.

Un Gateway Inclusivo que *unifica* el flujo suele ir de la mano con su correspondiente Gateway Inclusivo *divisor*. Cuando se los utiliza en pares, de esta manera, el Gateway *divisor* continuará el flujo hacia uno o hasta todos los caminos, y el Gateway *unificador* sincronizará (esperará por) todos los caminos que fueron generados para esa *instancia*.

Desde luego, es posible crear Procesos que incluyan diferentes combinaciones de Gateways Inclusivos *divisores* y *unificadores*. En algunos casos, será difícil determinar la vinculación de los Gateways. Es difícil lograr llegar a un deadlock en el Proceso (que se atasque) cuando se utiliza un Gateway Inclusivo, pero el comportamiento real del Proceso puede no ser el que el modelador espera. Por esto, proceda con cuidado cuando utilice Gateways Inclusivos unificadores. [29]

Mejor Práctica: **Utilice siempre Gateways Inclusivos en pares** —*Una forma de evitar comportamientos inesperados, es creando modelos donde un Gateway Inclusivo unificador siga a un Gateway Inclusivo divisor, y que ese número de Flujos de Secuencia se correspondan entre sí (véase Figura 9-30).*

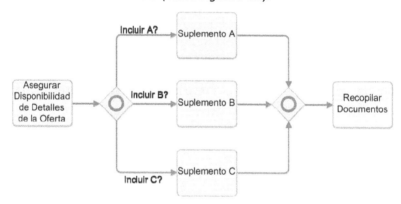

Figura 9-30—Gateways Inclusivos vinculados para *dividir* y *unificar* Flujos de Secuencia.

Gateways Complejos

Los Gateways Complejos usan un asterisco en negrita como símbolo dentro de la forma de diamante (véase Figura 9-31). Estos forman parte de BPMN para manejar situaciones donde los otros tipos de Gateways no proveen soporte para el comportamiento deseado.

---

[29] La directiva general utilizada en el desarrollo de BPMN fue desarrollar una capacidad modeladora que no restrinja demasiado a los usuarios, haciendo la notación lo más flexible posible. Como resultado, el modelado imprudente puede conducir a problemas.

Figura 9-31—Un Gateway Complejo

Los modeladores proveen sus propias expresiones que determinan el comportamiento divisor y/o unificador del Gateway. Ellos a menudo reemplazan un conjunto de Gateways estándar, combinando los mismos en un simple y más compacto Gateway.

Comportamiento Divisor de un Gateway Complejo

El comportamiento divisor del Gateway Complejo es el lado menos interesante de los Gateways. Este es similar al comportamiento divisor del Gateway Inclusivo. La diferencia es que el Gateway Complejo utiliza una sola *asignación saliente* dentro del Gateway, en vez de un set de *condiciones* separadas en el Flujo de Secuencia *saliente*. El resultado es el mismo en el hecho de que el Gateway activa <u>uno o más</u> caminos *salientes* (consulte "Comportamiento Divisor de un Gateway Inclusivo" en la página 140 para un ejemplo de este tipo de comportamiento).

Una *asignación* tiene dos partes: una *condición* y una *acción*. Cuando una *asignación* es realizada, la misma evalúa la *condición* y si esta es *verdadera*, entonces realiza la *acción* como la actualización del valor de un Proceso o propiedad de un Objeto de Datos. En el caso de un Gateway Complejo, la *asignación saliente* puede enviar un *token* hacia uno o más de los Flujos de Secuencia *salientes* del Gateway. La *asignación saliente* puede hacer referencia a datos del Proceso o sus Objetos de Datos y el estatus del Flujo de Secuencia *entrante* (es decir, allí hay un *token*). Por ejemplo, una *asignación saliente* puede evaluar los datos del Proceso y luego seleccionar diferentes conjuntos de Flujos de Secuencia *salientes*, basándose en los resultados de la evaluación. Sin embargo, la *asignación saliente* debería garantizar que al menos uno de los Flujos de Secuencia *salientes* siempre será elegido.

Comportamiento Unificador de un Gateway Complejo

El lado más interesante de los Gateways Complejos es su comportamiento *unificador*. Hay muchos patrones que pueden ser realizados junto con el Gateway Complejo, como el comportamiento típico de un Gateway Inclusivo, procesamiento de múltiples *tokens*, aceptar *tokens* de algunos caminos pero ignorar los *tokens* de otros, etc. El Gateway se ve de igual manera para cada uno de estos patrones, por lo que el modelador debe usar Anotación de Texto para informarle al lector del diagrama cómo se utiliza.

Mejor Práctica: **Utilice una Anotación de Texto con el Gateway Complejo—** *Dado que el comportamiento real de un Gateway Complejo puede variar para cada uso del Gateway, utilice una Anotación*

de Texto para informarle al lector del diagrama qué comporta-
miento tiene establecido para realizar el Gateway .

El Gateway Complejo usa una *asignación entrante* cuando un *token* llega. La *condición* de la *asignación entrante* puede referirse a información de un Proceso u Objeto de Dato, y el estado del Flujo de Secuencia *entrante*. Si la *condición* es *falsa* no ocurre nada aparte de que el *token* es mantenido allí. Si la *condición* es *verdadera*, entonces la *acción* podría ser configurada para pasar el *token* al lado saliente del Gateway, y por ende activando la asignación *saliente*, o la *acción* podría ser configurada para consumir el *token*.

De las diversas formas de utilizar un Gateway Complejo, se utilizara el patrón discriminador como demostración. En este patrón, hay dos o más actividades paralelas. Cuando una de las Actividades se completa, entonces las Actividades que la siguen pueden comenzar, excepto que no tiene importancia cual Actividad se completa. Este es otro ejemplo de *condición de carrera.* Todas las Actividades restantes se completarán con normalidad, pero no tendrán impacto en el Flujo de Procesos.

En la Figura 9-32, la Tarea "Comenzar Análisis" debe empezar después de "Test A" o "Test B", no importa cuál de las dos finaliza primero. Pero, después de que finalice la segunda, la Tarea "Comenzar Análisis" no debe empezar de nuevo. En cambio, si el modelador elige un Gateway Exclusivo para unificar el flujo, la Tarea "Comenzar Análisis" comenzará de nuevo (es decir, dos *instancias*).

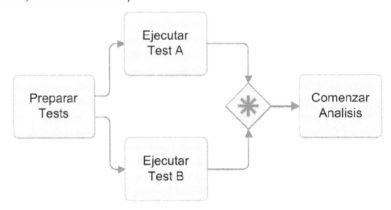

Figura 9-32—Un Gateway Complejo Unificando el Flujo de Secuencia

Si la Tarea "Ejecutar Test A" finaliza primero, su *token* es enviado al Gateway mientras que el otro *token* se mantiene en la Tarea "Ejecutar Test B" (véase Figura 9-33).

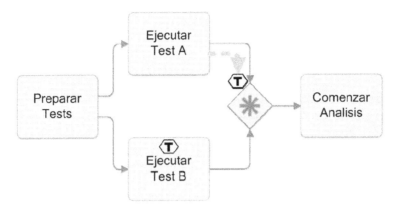

Figura 9-33—Un *token* llega a un Gateway Complejo

Para este patrón, el primer *token* que llega es enviado inmediatamente mediante el Flujo de Secuencia *saliente* hacia la siguiente Actividad (véase Figura 9-34).

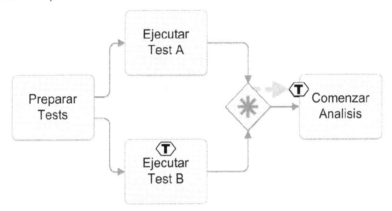

Figura 9-34—El primer *token* pasa a través del Gateway Complejo

Cuando el otro *token* finalmente llega, el mismo es consumido por el Gateway (véase Figura 9-35).

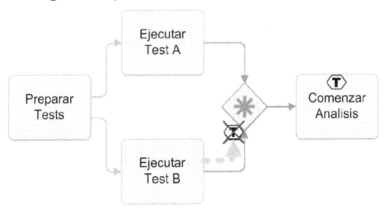

Figura 9-35—El segundo *token* se detiene en el Gateway Complejo

Capítulo 10. Swimlanes

BPMN utiliza "swimlanes" para ayudar a dividir y organizar actividades en un diagrama. De estos, hay dos tipos principales:

- **Pools**—actúan como contenedores para un Proceso, cada uno representando un participante en un Diagrama de Procesos de Negocio colaborativo.
- **Carriles**—utilizados a menudo para representar roles de negocio internos dentro de un Proceso, los Carriles en realidad proveen un mecanismo genérico para particionar los objetos dentro de un Pool, basado en las características del Proceso o elementos.

Pools

El término "Pool" se obtuvo ampliando la analogía de swimlane. Una piscina de natación tiene carriles. BPMN tiene dos tipos de particiones swimlane y un tipo está incluido en el otro. Por lo tanto, tiene sentido llamar Carriles a las sub-particiones y, a la partición que contiene los Carriles, Pool.

En BPMN, los Pools representan *participantes* en un Diagrama de Procesos de Negocio interactivo o colaborativo. Un *participante* se define como un rol de negocios general, por ejemplo un comprador, vendedor, transportista o proveedor. Alternativamente, podría definir una entidad de negocio específica, por ejemplo FedEx como el transportista. Cada Pool puede representar solo un *participante*.

Los Pools son representados como una caja rectangular que actúa como contenedor para los *objetos de flujo*, del Proceso de un *participante*. El Diagrama de Procesos de Negocio referido aquí es realmente una *colaboración*, detallando cómo los *participantes* coordinan su comportamiento. Los *participantes* pueden tener una representación abstracta (por ejemplo, el rol de "Comprador" o "Vendedor") o pueden representar una entidad de negocio distinta (por ejemplo "IBM" o "Amazon.com"). [30]

Ya que un diagrama BPMN puede describir los Procesos de diferentes *participantes*, cada *participante* puede ver el diagrama de diferente manera. Es decir, cada *participante* tendrá un punto de vista diferente—algunas Actividades están bajo su control, mientras que otros Pools son externos a ellos.

En la práctica, cada Pool representa un Proceso diferente y cada *participante* tiene su propio Pool. No es necesario un Pool para contener un Proceso. Conocidas como *"caja negra"*, estos Pools no muestran Actividades o Flujos de Secuencias dentro de sus límites. La Figura 10-1, la cual fue utilizada en la Parte I de este libro, muestra un Pool "Banco Hipoteca-

---

[30] El término *"Participante"* referencia a colaboraciones business-to-business, las cuales están a cargo de sus propios Procesos. No se refieren a los roles o posiciones de trabajo de una organización.

rio" conteniendo un Proceso y un Pool "Cliente" cuyo proceso es una *caja negra* (en lo que se refiere a Banco Hipotecario, no tienen conocimiento de los Procesos de sus clientes). Cuando el Pool es una *caja negra*, la forma del Pool puede ser redimensionada y posicionada en una forma que sea conveniente para el modelador (esto es, no tendría que extenderse todo el largo del diagrama).

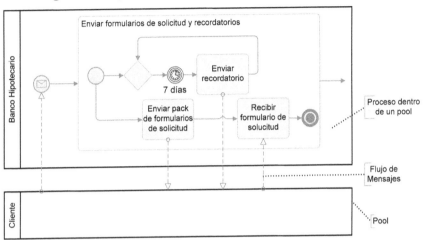

Figura 10-1—Una *colaboración* con dos Pools (una como *"caja negra"*).

Los Flujos de Mensajes manejan todas las interacciones entre Pools (y sus Procesos). Cuando el Pool es una *caja negra*, el Flujo de Mensajes se conecta a su límite. Cuando un Pool tiene elementos de Proceso, el Flujo de Mensajes se conecta a estos elementos (véase Figura 10-1, citada anteriormente).

Como se discutió en la sección de Flujos de Secuencia, en la página 159, los Flujos de Secuencia no pueden cruzar el límite de un Pool—es decir, un Proceso está totalmente contenido dentro de un Pool. Consulte más acerca de la discusión sobre por qué el Flujo de Mensajes es utilizado para sincronizar los Procesos entre Participantes, en la página 163.

En algunos casos, cuando el punto de vista del diagrama es claro, el límite del Pool "principal" no se visualiza. Por ejemplo, los modeladores del *participante* de "Banco Hipotecario" mostrado en la Figura 10-1, citada anteriormente, han desarrollado el diagrama y pueden no querer mostrar el límite de su Pool para hacer énfasis en la diferencia entre *participantes* internos y externos (véase Figura 10-2).

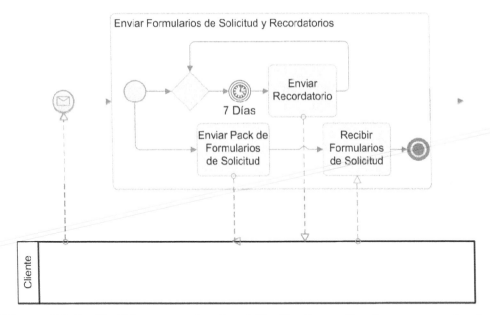

Figura 10-2—Un Diagrama donde el límite de un Pool no es mostrado

Carriles

Los Carriles crean sub-particiones para los objetos dentro de un Pool (véase Figura 10-3). Estas particiones son utilizadas para agrupar elementos del Proceso (mostrando como estos están relacionados), o qué roles tienen la responsabilidad de llevar a cabo las Actividades.

Los Carriles a menudo representan roles de la organización (por ejemplo, Manager, Administración, Asociado, etc.), pero pueden representar cualquier clasificación deseada (por ejemplo, tecnología subyacente, departamentos organizacionales, productos de la compañía, ubicación, etc.).

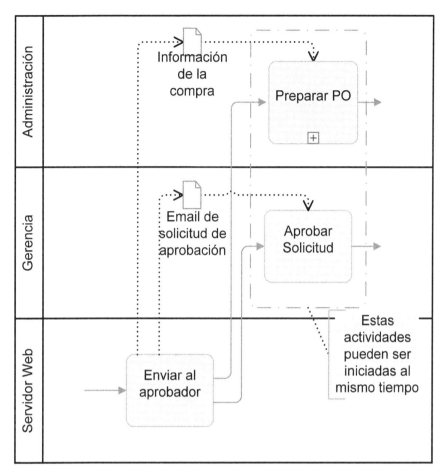

Figura 10-3—Un ejemplo de Carriles dentro de un Pool

Es posible además anidar Carriles (véase Figura 10-4, donde el Carril "Marketing" está sub-dividido en "Pre-Venta" y "Post-Venta").

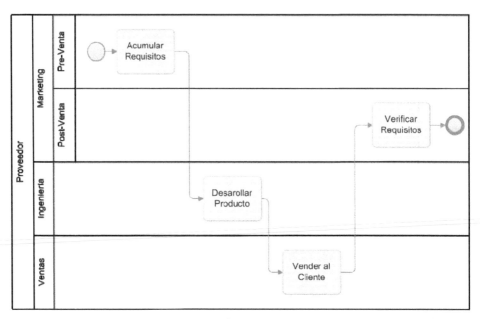

Figura 10-4—Un ejemplo de Carriles anidados dentro de un Pool

Los puntos clave a recordar acerca de Carriles son:

- En BPMN 1.1 los Carriles pueden representar cualquier agrupación lógica (no solo roles).[31] Por ejemplo, pueden representar áreas funcionales, sistemas de negocios, clasificaciones de negocios (por ejemplo, orientado al cliente, orientado al soporte, etc.), ubicaciones de negocios, etc.
- Los Flujos de Secuencia pueden cruzar los límites de un Carril.
- Los Carriles pueden estar anidados.
- El Flujo de Mensajes no es utilizado dentro o a través de los Carriles de un Pool.[32]

---

[31] Es probable que esto sea reforzado en BPMN 2.0.

[32] Para una discusión más amplia de la razón de esto, consulte Flujo de Mensajes en la página 190.

Artefactos

Los Artefactos proporcionan un mecanismo para capturar información adicional sobre un proceso, más allá de la estructura subyacente de los diagramas de flujo. Esta información no afecta directamente las características del diagrama de flujo de un proceso.

Hay tres Artefactos estándar en BPMN:

- **Objetos de datos**—se utilizan para representar los documentos y datos que son manipulados por los Procesos. Piense en ellos como representantes de la "carga útil" del Proceso.
- **Grupos**—Proporcionan un mecanismo para resaltar y clasificar una sección del modelo o un conjunto de Objetos.
- **Anotaciones de texto**—Añaden más información descriptiva a un modelo (para ayudar en la comprensión).

Un modelador o una herramienta de modelado puede extender BPMN mediante la definición de nuevos Artefactos; la única restricción es que deben tener su propia forma y no entrar en conflicto con formas existentes en la manera en que se ven y/o se configuran.

Objetos de Datos

Los Objetos de Datos representan los datos y documentos en un Proceso. Los Objetos de Datos tienen la forma estándar de un documento (un rectángulo con una esquina doblada —ver Figura 10-1).

Figura 10-1—Un Objeto de Datos

Los Objetos de Datos suelen definir las *entradas* y *salidas* de las Actividades. Si bien los Objetos de Datos no afectan a la estructura y al flujo del Proceso, están íntimamente ligados a la *ejecución* de las Actividades. Las Asociaciones indican su dirección (de *entrada* o de *salida*) (ver Figura 10-2). El uso de los Objetos de Datos y su relación con las Actividades será discutido en más detalle en "Flujo de Datos" en la página 166.

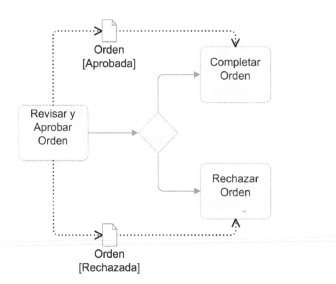

Figura 10-2—Los Objetos de Datos se utilizan para los Datos y los Documentos

Los Objetos de Datos también tienen "*estados*" que describen la forma en que el objeto (documento) se actualiza en el Proceso. El *estado* usualmente se muestra debajo del nombre del Objeto de Datos y se coloca entre paréntesis (como Figura 10-2, arriba, muestra el Objeto de Datos "Orden" con los estados "Aprobada" o "Rechazada").

La Figura 10-2 ilustra también una característica única de los Objetos de Datos. El mismo Objeto de Datos puede aparecer varias veces en un diagrama. Si la Tarea "Completar Orden" apareciera dos veces en el diagrama, eso representaría dos *instancias* separadas de esa Tarea. Sin embargo, a pesar de que el Objeto de Datos "Orden" aparece dos veces, constituye dos representaciones del <u>mismo</u> documento.

Al utilizar el *estado* de un Objeto de Datos y colocarlo en varios lugares dentro de un diagrama, el modelador puede documentar los cambios que sufrirá un Objeto de Datos durante el Proceso.

Grupos

Un Grupo es un rectángulo punteado y redondeado utilizado para rodear un grupo de *objetos de flujo* a fin de destacarlos y/o clasificarlos. El contorno del rectángulo se dibuja con un guión largo y un punto (ver Figura 10-3).

Figura 10-3—La forma de un Grupo

Los Grupos rodean una sección de un modelo, pero no añaden restricciones adicionales en la ejecución del Proceso—como sí lo haría un Sub-Proceso (el Flujo de Secuencia puede sobrepasar los límites de un Grupo). Un Grupo es simplemente un mecanismo gráfico útil para categorizar objetos. El Flujo de Secuencia y el Flujo de Mensajes se mueven a través de los límites de un Grupo de manera transparente. Si bien los Grupos no afectan la ejecución del proceso, pueden actuar como un contenedor para la presentación de informes.

La Figura 10-4 muestra un Grupo a través de dos Pools. Las Actividades mostradas están relacionadas a pesar de que son realizadas por diferentes participantes en diferentes Pools.

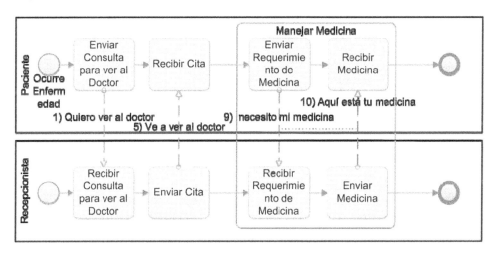

Figura 10-4—Los Grupos destacan gráficamente cualquier conjunto o categoría de elementos de BPMN.

Los Grupos no afectan el flujo del Proceso y no son parte de la descomposición de un Proceso. Aunque el Grupo gráficamente resalte un conjunto de actividades, este Grupo no puede ser interrumpido de la misma manera que un Sub-Proceso (ver Figura 10-5 que muestra un ejemplo incorrecto). No es posible adjuntar Eventos Intermedios a los límites de un Grupo.

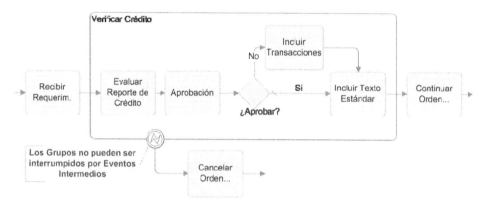

Figura 10-5—Uso <u>incorrecto</u> de un Grupo (no es posible adjuntar Eventos Intermedios a un Grupo)

La forma correcta de interrumpir las Actividades en la figura anterior consiste en utilizar un Sub-Proceso y, a continuación, conectar el Evento Intermedio a su límite como en Figura 10-6.

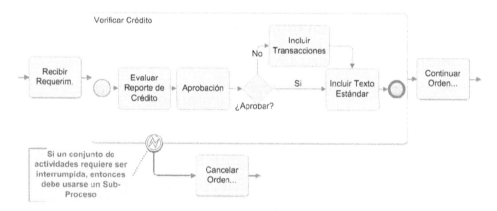

Figura 10-6—La forma Correcta de interrumpir un conjunto de Actividades

Sustentando el elemento Grupo está el concepto de *categoría* (que es un atributo común a todos los elementos de BPMN). Por ejemplo, las Actividades pueden ser clasificadas, con fines de análisis, como "valoradas por el cliente" o "valoradas por el negocio." Un Grupo no es más que una representación visual de una única *categoría*. A los elementos gráficos dentro del Grupo se les asigna el atributo de la *categoría* vinculado al Grupo. Cabe señalar que las *categorías* podrían utilizar otros mecanismos de destaque, como el color, tal como los defina un modelador o una herramienta de modelado. También podrían apoyar en la presentación de informes o análisis (o cualquier otro propósito). Dado que una *categoría* es también un elemento de BPMN, una *categoría* puede tener *categorías*, creando una estructura jerárquica (de *categorías*).

Anotaciones de texto

Las Anotaciones de Texto proveen al modelador la posibilidad de añadir más notas o información descriptiva sobre un Proceso o sus elementos. Las Anotaciones de Texto pueden conectarse a cualquier objeto en el diagrama o pueden flotar libremente en cualquier parte de un diagrama. El texto de una Anotación de Texto va acompañado de un recuadro abierto que puede aparecer en cualquiera de los lados del texto (ver Figura 10-7).

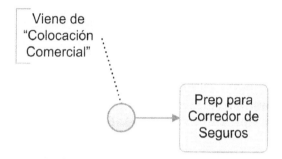

Figura 10-7—Un ejemplo de Anotación de Texto

La línea que se utiliza para conectar una Anotación de Texto a otro objeto es una Asociación (ver "Asociación" en la página 164).

Tenga en cuenta que las Anotaciones de Texto se caracterizan por proporcionar descripciones y ayudar a entender los ejemplos y conceptos presentados a lo largo de este libro.

Los Artefactos son Extensibles

Los modeladores y proveedores de herramientas de modelado pueden extender BPMN mediante la adición de nuevos tipos de Artefactos. Las herramientas de modelado pueden incluir funciones para ocultar o mostrar estos Artefactos. De cualquier manera, la estructura del Proceso (los *objetos del flujo* conectados por el Flujo de Secuencia) seguirá siendo la misma.

Al igual que con otros Artefactos, estas extensiones no pueden formar parte del *flujo normal* de Actividades, Eventos y Gateways—es decir, el Flujo de Secuencia no puede conectarse directamente hacia o desde Artefactos. Esto se definió así para garantizar que los diagramas de BPMN siempre tengan una estructura coherente y reconocible (es decir, que ayude a la comprensión), y para garantizar un comportamiento coherente de los diagramas de BPMN.

Por ejemplo, una base de datos o repositorio de datos podría ser representado gráficamente por un cilindro (ver Figura 10-8). Si bien este no es un Artefacto estándar de BPMN, un modelador podría añadirlo.

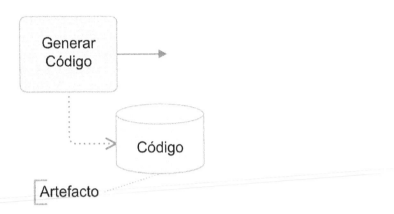

Figura 10-8—Nuevos Artefactos pueden ser creados por Modeladores o Proveedores de Herramientas de Modelado

Además, industrias o mercados específicos podrían desarrollar sus propios conjuntos de Artefactos. Por ejemplo, los profesionales de la industria de telecomunicaciones, seguros o de la industria de la salud pueden desarrollar un conjunto de Artefactos que sean significativos en sus industrias. La regla de oro es que cualquier nuevo tipo de Artefacto debe tener una forma que no entre en conflicto (o podría ser fácilmente confundido con las formas de BPMN existentes.

Es posible que futuras versiones de la especificación de BPMN estandaricen más tipos de Artefactos.

Capítulo 11.   Conectores

Los Conectores vinculan dos objetos en un diagrama. Existen tres diferentes tipos de conectores de BPMN (ver Figura 11-1):

- **Flujo de Secuencia**—Define el orden de los *objetos de flujo* en un Proceso (Actividades, Eventos y Gateways).
- **Flujo de Mensaje**—Define el flujo de comunicación entre dos *participantes* o *entidades* (p. ej., una organización y sus proveedores). El objeto de la comunicación es un *mensaje*.
- **Asociaciones**—se utilizan para vincular Artefactos (datos e información) con otros objetos del diagrama, incluyendo *objetos de flujo* (Actividades, Eventos y Gateways).

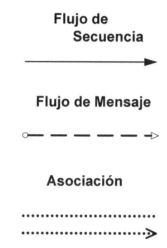

Figura 11-1—Tres tipos de Conectores de BPMN

Flujo de Secuencia

El Flujo de Secuencia conecta los elementos del Proceso (Actividades, Eventos y Gateways). Ordena los *objetos de flujo*—por ejemplo, Actividades tales como "Enviar Factura", "Recibir Pago" y "Aceptar Pago" se realizan secuencialmente en Figura 11-2. El Flujo de Secuencia de un Proceso—las líneas sólidas con puntas de flecha sólidas entre las Actividades en la figura—crea los caminos del Proceso que son navegados durante su ejecución.

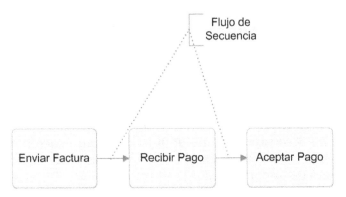

Figura 11-2—El Flujo de Secuencia dentro de un Proceso

El origen y destino de la línea del Flujo de Secuencia (el destino es manifestado por la flecha en la línea) sólo puede conectar Eventos, Actividades y Gateways. El Flujo de Secuencia no puede conectar ningún otro elemento de BPMN, pero lo más importante, es que el Flujo de Secuencia <u>no puede</u> cruzar el límite de un Sub-Proceso o el límite de un Proceso (un Pool).

Muchas técnicas y metodologías de modelado utilizan el término "flujo de control" para los conectores entre las tareas y actividades (similar al Flujo de Secuencia de BPMN). BPMN no utiliza específicamente el término "flujo de control" para los conectores. Se determinó que había muchos factores que "controlan" la ejecución de un Proceso o Actividad y que la secuencia de las actividades era sólo un factor. Otros factores que "controlan" las Actividades incluyen: la llegada de *mensajes*, la disponibilidad de datos, la disponibilidad de recursos (como los actores), y restricciones de tiempo incorporadas (que se examinan en más detalle en la "Realizando una Actividad" en la página 171).

Flujo de Secuencia Condicional

Un Flujo de Secuencia tiene un atributo interno llamado *condición*.[33] No obstante, la *condición* no se puede utilizar en todas las circunstancias. El atributo *condición* <u>no está disponible</u> al conectar desde:

- Un Evento
- Gateways de Evento, Paralelos, y Complejos

El atributo *condición* está disponible al conectar desde:

- Gateways Inclusivos y Exclusivos
- Actividades

El uso y la evaluación de las *condiciones* del Flujo de Secuencia para los Gateways Inclusivos y Exclusivos se ha descrito anteriormente (véase el

---

[33] Los Atributos generalmente no se muestran gráficamente. En este caso sí tienen representación gráfica (la condición se adjunta al Flujo de Secuencia).

"Comportamiento Divisor de un Gateway Evento" en la página 133 y "Comportamiento Divisor de un Gateway Inclusivo" en la página 140).

Cuando una *condición* se utiliza en el Flujo de Secuencia *de salida* de una Actividad, se llama Flujo de Secuencia Condicional. Debido a que la *condición* controla el flujo entre las Actividades, un mini-diamante (como un mini-Gateway) aparece al principio del Conector (ver Figura 11-3).

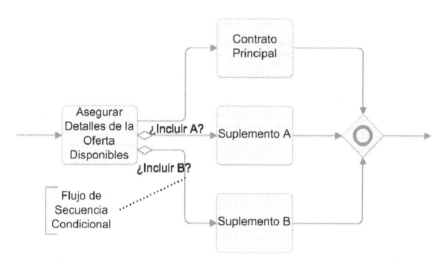

Figura 11-3—Un Flujo de Secuencia Condicional puede ir después de una Actividad

Cuando la Actividad ha finalizado y la *condición* se evalúa a *verdadero* (true), entonces un *token* se moverá siguiendo el Flujo de Secuencia. Si la *condición* se evalúa como *falsa* (false), entonces el flujo no se produce. El comportamiento de un conjunto de Secuencias de Flujo Condicionales para una Actividad es similar a la de un Gateway Inclusivo (ver "Comportamiento Divisor de un Gateway Inclusivo" en la página 140).

Tal Actividad debe tener un mínimo de dos Secuencias de Flujo *de salida* y se debe garantizar que al menos una de las Secuencias de Flujo se produzca (en caso contrario el Proceso podría quedar estancado).

El modelador debe siempre asegurarse que la combinación de las *condiciones* representadas en el Flujo de Secuencia *de salida* siempre da lugar a la ejecución de al menos una de ellas por cada ejecución de la Actividad. Una forma de hacerlo es utilizar un Flujo de Secuencia estándar o colocar un Flujo de Secuencia Predeterminado en una de las Secuencias de Flujo Condicionales. La Figura 11-3, arriba, usa un Flujo de Secuencia estándar después de la Tarea "Asegurar Detalles de la Oferta Disponible". Dado que no existe ninguna *condición* para ese Flujo de Secuencia, un *token* se moverá por ese camino. Si se usa un Flujo de Secuencia Predeterminado (véase la siguiente sección), un *token* se moverá por ese camino sólo cuando todas las demás *condiciones* se evalúen a *falso*.

Mejor Práctica: **Use un Flujo de Secuencia Estándar o Predeterminado al utilizar un Flujo de Secuencia Condicional**—*Una manera de que el modelador se asegure que el Proceso no queda estancado después de una Actividad, es utilizar un Flujo de Secuencia estándar o Predeterminado siempre que se utilice un Flujo de Secuencia Condicional (ver Figura 11-3, arriba).*

Flujo de Secuencia Predeterminado

En la última sección, hemos hablado de las *condiciones* utilizadas en algunos Flujos de Secuencia. Entre esas condiciones existe una *condición* especial de BPMN llamada *condición predeterminada*. La *condición predeterminada* puede complementar una serie de *condiciones* estándar para proporcionar un mecanismo automático de escape en caso de que todas las *condiciones* estándar evalúen a *falso*.

El Flujo de Secuencia que tiene esta *condición predeterminada* se denomina Flujo de Secuencia Predeterminado. El Flujo de Secuencia Predeterminado tiene una marca pequeña cerca de su comienzo (ver Figura 11-4).

En el ejemplo, en el Flujo de Secuencia *de salida* del Gateway Exclusivo, es posible que todas las *condiciones* devuelvan *falso*. En tales circunstancias, el proceso quedará estancado. La *condición predeterminada* resuelve este problema.

El detalle del mecanismo es el siguiente (para garantizar que al menos una *condición* de un conjunto de *condiciones* es *verdadera*). Si alguna de las *condiciones* estándar del conjunto establecidas se evalúa como *verdadera*, entonces la *condición predeterminada* es *falsa*. Si todas las condiciones estándar retornan *falso*, entonces la *condición predeterminada* se convierte en *verdadera*.

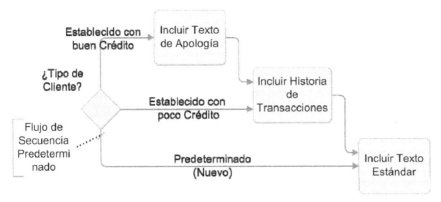

Figura 11-4—Un ejemplo de Flujo de Secuencia Predeterminado

El Flujo de Secuencia Predeterminado puede ser utilizado en todas las situaciones donde un conjunto de Flujos de Secuencia *de salida* puedan tener *condiciones*. En BPMN, estas situaciones son:

- Gateways Exclusivos
- Gateways Inclusivos

- Actividades

Flujo de Mensajes

El Flujo de Mensajes define los mensajes/comunicaciones entre dos *participantes* diferentes (representados como Pools) del diagrama (ver Figura 11-5). Se dibujan con líneas punteadas que tienen un pequeño círculo hueco al principio y una punta de flecha hueca al final.

El Flujo de Mensajes siempre debe darse entre <u>dos Pools separados</u> y <u>no puede</u> conectar dos objetos dentro de un mismo Pool. Por eso el Flujo de Mensajes sólo se utiliza en las colaboraciones (diagramas con dos o más Pools).

Como se muestra en la Figura 11-5 a continuación, el Flujo de Mensajes puede conectarse a los límites del Pool (para un Pool de *caja negra*). Alternativamente, el Flujo de Mensajes puede conectarse a un *objeto de flujo* dentro de un Pool (en caso de expandirse con sus propios detalles de Proceso).

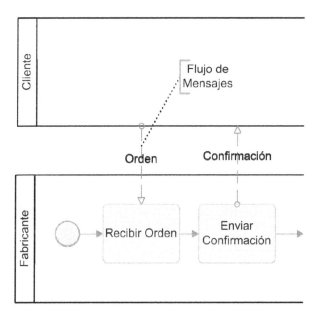

Figura 11-5—Flujo de Mensajes entre dos Pools (*participantes*)

Importante: *Hay una fuerte diferencia entre Flujo de Mensajes y Flujo de Secuencia. El Flujo de Secuencia solo puede ser usado dentro de un Pool mientras que el Flujo de Mensajes solo puede ser utilizado entre Pools.*

Muchos modeladores preguntan por qué los Flujos de Mensajes no se pueden utilizar dentro de un Pool. Los Procesos ya cuentan con un mecanismo para mover datos entre las Actividades—*flujo de datos* (véase la página 166). Por lo tanto, no hay ninguna razón para utilizar un *mensaje* para enviar datos de una parte de un Proceso a otra parte del mismo Proceso dado que los "datos del proceso" están a disposición en cualquier lugar del proceso. [34] Por otra parte, utilizar un Flujo de Mensajes dentro de un Proceso corrompería la clara separación entre el Flujo de Secuencia y el Flujo de Mensajes, y crearía confusión a los modeladores tratando de tomar decisiones acerca de la estructura del Proceso (p. ej., qué mecanismo de datos deberían utilizar).

Si un *mensaje* es realmente necesario entre dos Actividades, esto indicaría que las actividades residen en dos contextos o lugares de control separados. Es decir, las Actividades deben ser modeladas en dos Pools separados.

Asociación

Una Asociación une un objeto del diagrama (es decir, crea una relación) con otro objeto del diagrama (por ejemplo, Artefactos y Actividades). Por ejemplo, la línea punteada que conecta una Anotación de Texto a otro objeto es en realidad una Asociación (ver Figura 11-6).

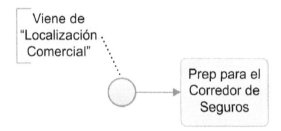

Figura 11-6—Las Asociaciones conectan Anotaciones a Objetos

Uno de los usos más importantes de las Asociaciones es mostrar que los datos son la entrada y la salida de las Actividades, p. ej., una "Orden" es la salida de una Actividad y es entrada de la Actividad siguiente (como en Figura 11-7). La línea direccional (la que tiene una punta de flecha) muestra el origen y el destino del Objeto de Datos (que es un tipo de Artefacto).

---

[34] BPMN no especifica como el flujo de datos debe ser implementado por un motor BPMS. Tales transferencias de datos podrían utilizar un sistema de mensajes incorporado. Otros sistemas podrían utilizar mecanismos alternativos. Pero esos detalles son transparentes para el modelador y los Procesos deben comportarse de la misma manera sin importar cuál sea la tecnología subyacente utilizada.

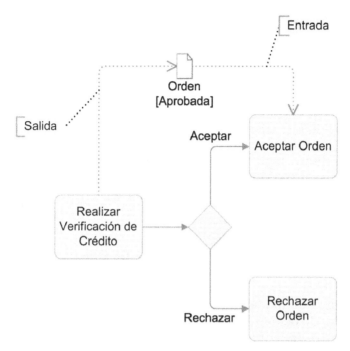

Figura 11-7— Asociaciones utilizadas para mostrar el flujo de datos

Se discutirá el flujo de datos de entrada y salida de las Actividades con más detalle en "Flujo de Datos" en la página 166.

Flujo Normal

El concepto de *flujo normal* es a menudo conocido como la "Ruta Feliz" o el "Skinny Process." [35] El *Flujo Normal* se refiere al Proceso básico, donde los *objetos del flujo* (Eventos, Actividades y Gateways) están conectados a través del Flujo de Secuencia, comenzando con un Evento Inicial y siguiendo las principales alternativas y caminos paralelos hasta que el Proceso concluye en un Evento Final (ver Figura 11-8). El *flujo normal* no incluye el Flujo de Excepción o el Flujo de Compensación.

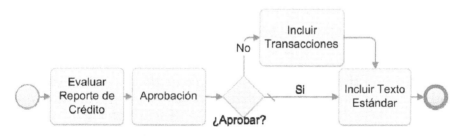

Figura 11-8—El *flujo normal* de un Proceso

---

[35] En realidad, la Ruta Feliz puede ser un sub-conjunto del Flujo Normal. Por ejemplo, las condiciones con alta probabilidad de suceder para la toma de decisiones pueden conformar la Ruta Feliz, mientras que otras rutas menos probables son parte del Flujo Normal (pero no feliz).

El *flujo normal* describe la estructura básica del Proceso. El centrarse en el *flujo normal* permite al modelador crear un diagrama de flujo relativamente simple. Las características adicionales de BPMN (como los Artefactos, Swimlanes y Flujo de Excepción) proporcionarán detalles adicionales si fuera necesario.

Una de las normas generales de BPMN es que el Flujo de Secuencia debe ir desde el principio hasta el final sin ningún tipo de "suposiciones" (regiones implícitas en las que el Flujo de Secuencia de alguna manera mágica salta de un lugar a otro). Esta es una de las razones por las que existe la *condición predeterminada* en los Gateways Exclusivos, para garantizar que el flujo se muestre explícitamente.

Flujo de Datos

El *flujo de datos* representa el movimiento de Objetos de Datos de entrada y de salida de las Actividades. El movimiento de datos y el flujo de Actividades (flujo de control) están estrechamente unidos, a partir de muchas notaciones de modelado de proceso. Sin embargo, en BPMN, el *flujo de datos* está disociado del Flujo de Secuencia. El Flujo de Secuencia maneja el ordenamiento de las Actividades. Las Asociaciones Directas manejan el flujo de datos hacia y desde las Actividades. Es posible combinar el Flujo de Secuencia y el *flujo de datos* cuando estos coinciden, pero están separados de forma nativa para dar flexibilidad al modelado.

En la Figura 11-9, una Asociación que sale de la primera Tarea se conecta al Objeto de Datos (la salida) y una Asociación conectada al mismo Objeto de Datos es dato de entrada de la segunda Tarea.

Figura 11-9—Un Objeto de Datos como *salida* y *entrada* de Actividades

Cuando hay una simple progresión del *flujo de datos* desde una Actividad a otra, el *flujo de datos* se define más claramente (con menos desorden) al vincular el Objeto de Datos al Flujo de Secuencia (ver Figura 11-10). En la figura, una Asociación conecta el Objeto de Datos al Flujo de Secuencia entre las dos Actividades. Esto significa que el Artefacto es el resultado de la primera Tarea y la entrada de la segunda. Por lo tanto, el diagrama en la Figura 11-9 es equivalente al diagrama en la Figura 11-10.

Figura 11-10—Un Objeto de Datos vinculado a un Flujo de Secuencia

Aunque es posible asociar un Objeto de Datos a un Flujo de Secuencia que se conecta a un Gateway, no se recomienda este tipo de configuración. Puede volverse difícil de entender cómo las *entradas* y *salidas* se aplican a las Actividades en ambos lados del Gateway. Esto es particularmente cierto cuando se utiliza una serie de Gateways. En BPMN 1.1, este tipo de Asociación no está prohibido. En BPMN 2.0, existirá una aclaración (y probablemente algunas restricciones) para este tipo de configuración del modelo.

Mejor Práctica: **No Asocie un Objeto de Datos a un Flujo de Secuencia si el Flujo de Secuencia está conectado a un Gateway—***La aplicación de entradas y salidas se confunde fácilmente cuando se utiliza uno o más Gateways para los Flujos de Secuencia que están asociados a Objetos de Datos.*

La razón por la que BPMN desasocia el *flujo de datos* del Flujo de Secuencia es claro en la Figura 11-11. La *salida* de la Tarea "Recibir Solicitud de Libro" no es *entrada* de la próxima Tarea, es entrada de una Actividad que está más abajo en el Proceso (la Tarea "E-mail Recordatorio de Retorno"). Además, hay un Gateway entre las dos Actividades. Este tipo de situaciones hace que el acoplamiento entre los datos y el Flujo de Secuencia se torne confuso. El Objeto de Datos tendría que ser arrastrado a través de todas las Actividades intervinientes y el Gateway, a pesar de que no se utiliza o se hace referencia a él.

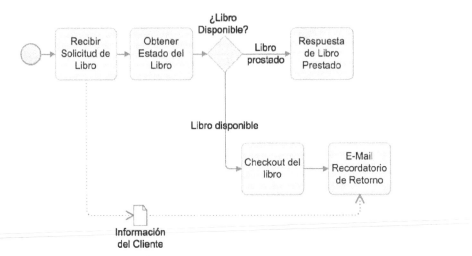

Figura 11-11—Disociación del Flujo de Secuencia y el *flujo de datos*

Como se mencionó anteriormente, el Flujo de Secuencia y los *objetos de flujo* (Actividades, Eventos y Gateways) representan la estructura subyacente (el *flujo normal*) de un Proceso de Negocio. Por lo tanto, una herramienta puede ocultar o mostrar los Objetos de Datos (o todos los Artefactos y Asociaciones) sin cambiar la estructura subyacente del Proceso.

Entradas y Salidas de Actividades más complejas

En los Procesos complejos, la organización de las *entradas* y las *salidas* entre las Actividades también puede ser compleja. Si bien no es necesariamente evidente en el gráfico, BPMN proporciona los mecanismos para manejar esta complejidad.

Para agrupar los Artefactos recibidos (*entradas*) se utilizan conjuntos de datos de entrada o "*Inputsets*". Todas las Actividades tienen por lo menos un *inputset*, pero no son visibles cuando sólo hay una *entrada*. Si hay más de una *entrada*, se agrupan en uno o más *inputsets*. Sin embargo, en algunos casos una única *entrada* puede ser parte de más de un *inputset*.

El objetivo de agrupar las *entradas* es combinar piezas de datos incompletos en un conjunto completo de datos que es suficiente para que la Actividad empiece su trabajo.

Aunque haya más de un *inputset*, sólo se requiere uno para instanciar la Actividad. El primer *inputset* que se complete permitirá el inicio de la Actividad. Si más de uno de los *inputsets* se completan, entonces el *inputset* que ocupe el primer lugar en la lista de *inputsets* (para la Actividad) se utilizará. Tenga en cuenta que existen otros factores que afectan el inicio de una Actividad, que se describen en "Realizando una Actividad" en la página 171.

Figura 11-12 muestra que la *entrada* completa a la Tarea "Revisar Informe" es un Informe, pero dependiendo de lo que ocurrió antes de la Tarea, el Informe puede llegar en un solo documento (una *entrada* en un *input-set*), o puede llegar en dos partes (dos *entradas* en otro *inputset*). La ejecución de la Tarea requerirá ya sea el documento completo o las dos partes, pero no una mezcla. Esto es, si el "Informe Parte 1" llega, la Tarea no puede comenzar hasta que llegue el "Informe Parte 2".[36] Si el "Informe Completo" llega en algún momento antes de que la Tarea se inicie, entonces, ese *inputset* quedaría cumplido y la Tarea puede comenzar.

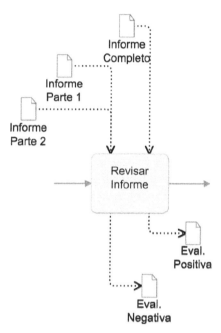

Figura 11-12—Múltiples Entradas y Salidas de Actividades

No hay marcadores o indicadores gráficos para diferenciar los *inputsets*. Estos se consideran parte de los detalles de la Actividad y exponer las diferencias añadiría demasiada complejidad al diagrama. Sin embargo, hay formas de ayudar al lector del diagrama para ver si diferentes *inputsets* están siendo utilizados. El modelador puede conectar todas las Asociaciones de un *inputset* al mismo punto del límite de la Actividad. La Figura 11-12, arriba, muestra cómo los dos *inputsets* de la Actividad están conectados a dos puntos diferentes del límite de la Actividad. Por otra parte, cuando las flechas de Anotación de las dos *entradas* que componen un único *inputset* se combinan, es evidente que estas entradas son elementos de dicho *inputset*. No es necesario conectar las Asociaciones de esta manera, pero es una forma conveniente de demostrar que dos (o más) Artefactos pertenecen al mismo *inputset*.[37]

---

[36] En realidad, existen configuraciones de atributos más avanzadas que permitirían el inicio de la Tarea con solo una de las Partes

[37] En nuestros talleres, los delegados han tenido dificultades para apreciar la razón de existencia de los *inputsets*. Los *inputsets* aparecen confusos ya que dos *entradas* diferentes (que no son modeladas como un *inputset*) por defecto, son requeridas antes que el *estado* de la Actividad

Los *Outputsets* (conjuntos de datos de salida) también pueden agrupar Artefactos de *salida* (resultados). Para una instancia de una Actividad, sólo se produce un *outputset*. El trabajo de la Actividad oculta la decisión de cuál es el *outputset* elegido. En este ejemplo (Figura 11-12 arriba), la evaluación será o bien positiva o bien negativa (pero no ambas).

Al igual que sucede con la agrupación de los puntos de conexión de las Asociaciones en los *inputsets*, si una Actividad produce dos salidas que forman parte del mismo *outputset*, una buena práctica es mostrarlos saliendo del mismo punto de la Actividad.

También es posible mapear un determinado *inputset* a un *outputset* específico—es decir, si llega el *inputset* "Uno", entonces produce el *outputset* "Dos". La definición del mapeo entre *inputsets* y *outputsets* se define dentro de los atributos de la Actividad (ninguno de estos atributos se muestran gráficamente).

Mejor Práctica: **Modelando inputsets**—*Si hay más de un* inputset*, elija un punto del límite de una Actividad y haga que todas las* entradas *que pertenezcan a un único* inputset *se conecten a ese punto. Las* entradas *de los otros* inputsets *deben conectarse, cada una, a puntos separados del límite de la Actividad. El mismo patrón se puede aplicar al modelar los* outputsets*.*

cambie a *ejecutando*. (ver El Ciclo de Vida de una Actividad en la página 200 para saber más sobre *estados* de las Actividades). La razón de utilizar *inputsets* se entiende completamente solo cuando se les pide a los delegados que encuentren otra manera de modelar que una Actividad puede comenzar cuando esté disponible alguno de los dos conjuntos de *entradas* existentes. (como en Figura 11-12 más arriba). Éste es un tema complejo, y en BPMN se tomó la decisión de proporcionar flexibilidad, pero sin que esto impactara en la calidad del diagrama. Siempre se debe buscar el equilibrio entre el detalle que se muestra en el diagrama vs. lo que se oculta en los atributos de los elementos.

Capítulo 12.   Conceptos Avanzados

Realizando una Actividad

Un modelo de Proceso puede capturar una gran cantidad de información acerca de cómo sucede el trabajo. La posición de una Actividad dentro del Proceso, y la información relacionada a la Actividad, afectarán la forma y el momento en que ésta se realiza.

La primera restricción de la Actividad es su posición en el Proceso, en relación con otras Actividades (definidas por el Flujo de Secuencia). Por definición, la ejecución no puede comenzar hasta que el *token* llegue al Flujo de Secuencia de *entrada*. Como se muestra en la Figura 12-1, la Tarea "Enviar Rechazo" debe completarse antes de que el Sub-Proceso "Información de Archivo" pueda ocurrir.

Figura 12-1—La Secuencia de Flujo es la restricción principal de una Actividad.

En la próxima sección se describen otras restricciones sobre la ejecución de una Actividad.

El Ciclo de Vida de una Actividad

Al inicio de una Actividad, (es decir, cuando un *token* llega a la Actividad), su estado cambia a *"preparada"*. Esto no significa que la Actividad se inicia inmediatamente. Sólo significa que el Proceso ha llegado a un *estado* en el que la Actividad <u>podría</u> comenzar. Hay otros factores que también pueden afectar su ejecución.

Por ejemplo, en la Figura 12-2, la Tarea "Revisar Diseños Actuales" tiene dos *entradas* (documentos de diseño). Si las entradas no están disponibles cuando el *token* llega, entonces la Tarea no puede iniciar.

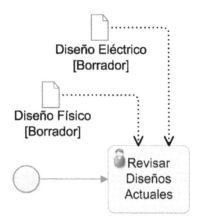

Figura 12-2—Restricciones múltiples en la ejecución de una Actividad

Además, el ícono de la persona en la Tarea anterior (y esto no es parte del estándar) podría indicar que está implicada una persona. Al igual que con las entradas, si la persona asignada a la Actividad no está disponible, entonces la Actividad no puede iniciar. Tenga en cuenta que no es necesario asignar una persona en concreto. Se puede asignar un grupo de personas o un rol de negocio, pero al final, por lo general será una persona la que acabará trabajando en la Actividad.

Cuando todas las restricciones (p. ej. *entradas*, etc.) están disponibles, entonces la ejecución de la Actividad puede comenzar—la Actividad cambia a un *estado "ejecutando"*. Cuando el trabajo de la Actividad finalice, la Actividad cambiará a un estado *"completada."* Mientras está ejecutando, la Actividad podría cambiar su *estado* a *"pausada","* *"reiniciada"* o *"interrumpida"* (a través de un Evento Intermedio).

Una Actividad de BPMN, entonces, pasa por una serie de *estados* (su ciclo de vida) desde el momento en que llega un *token* hasta que un *token* deja la Actividad. Los tipos de estados de una Actividad incluyen: *ninguno, preparada, activa, cancelada, abortando, abortada, completando,* y *completada.* Una única *instancia* de Actividad nunca pasará por todos estos *estados.* Un ciclo típico de *estados* sería *ninguno, preparada, activa, completando* y *completada,* y vuelta a *ninguno.* Sin embargo, una Actividad puede pasar por uno o más de los otros *estados* en virtud de diversas circunstancias, por lo general implica la activación de un Evento Intermedio adjunto.[38]

Transacciones y Compensación

En BPMN, una Transacción es una relación y un acuerdo formal de negocio entre dos o más *participantes*. Para que una Transacción tenga éxito, todas las partes implicadas han de ejecutar sus propias Actividades y

---

[38] De ser necesario, una descripción más detallada del Ciclo de Vida de una Actividad se puede solicitar a los autores del libro.

llegar al punto en que todas las partes estén de acuerdo. Si cualquiera de ellas se retira o falla al completar, entonces se cancela la Transacción y todas las partes requieren *deshacer* todo el trabajo que se ha realizado.

Un modelo de Proceso (es decir, dentro de un Pool), muestra las Actividades del Sub-Proceso de Transacción de solamente uno de los *participantes* (que se dibuja con una doble línea de frontera—ver Figura 12-3).

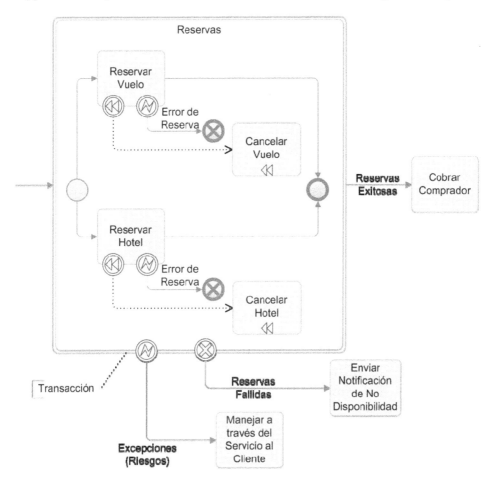

Figura 12-3—Un ejemplo de Sub-Proceso Transaccional

Los Sub-Procesos Transaccionales tienen comportamientos especiales. En primer lugar, están asociados a un Protocolo de Transacción (p. ej., el WS-Transaction). Esto significa que las compañías involucradas en la Transacción deben ser capaces de enviar y recibir todos los *mensajes* de conformidad de conexión (*hand-shaking messages*) entre los *participantes*. La mayoría de estos *mensajes* no son visibles a nivel del Proceso, pero son importantes para asegurarse de que la Transacción progrese adecuadamente.

En segundo lugar, si el trabajo de todas las Actividades en el Sub-Proceso de Transacción finaliza normalmente y todos los *tokens* alcanzan un Evento Final (ver Figura 12-4), aún así el Sub-Proceso no estará completo.

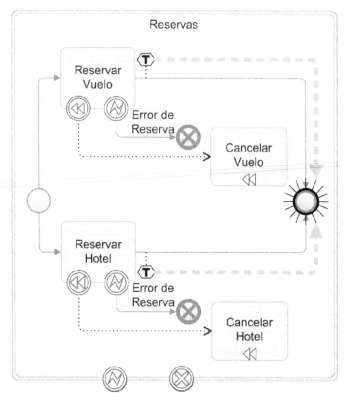

Figura 12-4—El Sub-Proceso de Transacción no ha completado

Por medio de los *mensajes* hand-shaking, tiene que haber un acuerdo unánime entre los *participantes* de que todo está OK (es decir, que las demás Transacciones de los *participantes* también alcanzaron sus puntos finales con éxito). Una vez que se produce ese acuerdo, el Sub-Proceso de Transacción se completa y el *token* puede continuar en el Proceso *padre* (ver Figura 12-5). Previo a este acuerdo, aún sería posible cancelar la totalidad de los Sub-Procesos de Transacción si una de las partes cancelara.

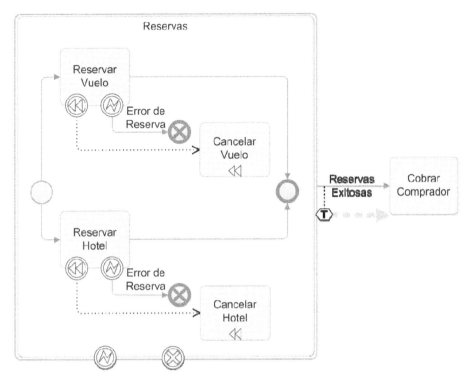

Figura 12-5—Un Sub-Proceso de Transacción finalizado

En tercer lugar, si se produce un error técnico o de procesamiento en alguno de los *participantes* de la *transacción*, entonces hay dos posibilidades de interrumpir el Sub-Proceso de Transacción:

- Se activa un Evento Intermedio de Error adjunto (a menudo llamado *riesgo*) y el Sub-proceso de Transacción se interrumpe.

- Se activa un Evento Intermedio de Cancelación y el Sub-Proceso de Transacción se *cancela*.

Riesgos en un Sub-Proceso Transaccional

Cuando existe un *riesgo*, las circunstancias son tan graves que la anulación y la *compensación* normal no son suficientes para resolver la situación. La *transacción* se interrumpe, entonces, en la misma forma que un Evento Intermedio de Error interrumpe un Sub-Proceso normal (ver sección "Interrupción de Actividades mediante Eventos" en la página 94). El error puede ocurrir dentro del Sub-Proceso de Transacción o dentro de un Proceso (invisible) de uno de los demás *participantes* de la *transacción*. El error de uno de los otros *participantes* será enviado a través del *protocolo de transacción*. Y el error generado por el Sub-Proceso de Transacción también se envía a los demás *participantes* a través del *protocolo de transacción*.

Cuando se activa el Evento Intermedio de Error adjunto a los límites del Sub-Proceso de Transacción, todo el trabajo dentro del Sub-Proceso finaliza de inmediato—no hay compensación. Luego el *token* es expulsado hacia el Flujo de Secuencia de *salida* del Evento de Error para alcanzar a las Actividades que se ocuparán de manejar la situación (ver Figura 12-6).

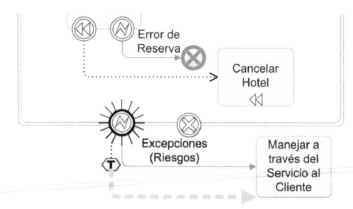

Figura 12-6—Cuando un Sub-Proceso de Transacción posee un *riesgo*

Cancelación en un Sub-Proceso de Transacción

Al igual que con un Riesgo, un Sub-Proceso de la Transacción puede ser cancelado a través de un Evento interno al Sub-Proceso o a través de un proceso de cancelación enviado a través de un *protocolo de transacción.*

Cuando un Sub-Proceso de Transacción se *cancela,* se activa el Evento Intermedio de Cancelación adjunto a su límite (véase la Figura 12-7). El *token* eventualmente continuará por la Secuencia de Flujo *de salida* del Evento Intermedio de Cancelación, pero el comportamiento del Sub-Proceso de Transacción implica algo más que interrumpir el trabajo en el Sub-Proceso.

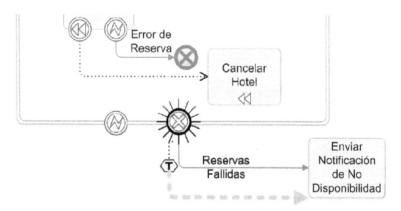

Figura 12-7—Cuando un Sub-Proceso de *Transacción* es *Cancelado*

De hecho, todos los trabajos en curso dentro de la *transacción* se cancelan. Sin embargo, puede que sea necesario deshacer el trabajo que haya sido completado (en el Sub-Proceso de Transacción), lo cual requiere un *"rolling back"* (retroceder a un estado anterior y estable) antes que el Proceso *padre* pueda continuar. Esto significa que cada Actividad a su vez, en orden inverso, se verifica para ver si requiere *compensación* o no. La *compensación* es el proceso de deshacer el trabajo que se ha completado.

Después de que un Sub-Proceso de Transacción se cancela, se puede utilizar un *token* para rastrear este *rolling back* a medida que viaja hacia atrás en el Proceso (ver Figura 12-8) Muchas actividades, como la recepción de un *mensaje,* no tienen nada que requiera deshacerse. Sin embargo, otras Actividades, como las que actualizan una base de datos, requieren de *compensación.* Cada una de estas Actividades tendrá una Evento Intermedio de Compensación adjunto a sus límites (en la figura el Evento con un símbolo de retroceso).

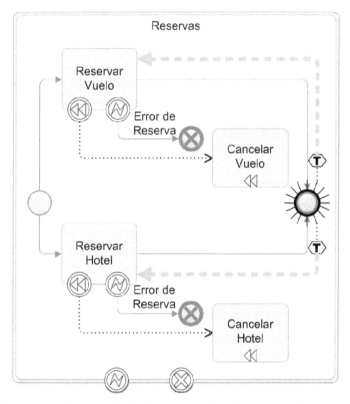

Figura 12-8—Cuando un Sub-Proceso de Transacción se *cancela* el Sub-Proceso comienza el "*rolling back*"

La *Compensación* no se produce automáticamente. Se requiere otra Actividad para deshacer el trabajo de la Actividad original. Se utiliza una Actividad especial, una Actividad de Compensación (Actividad que se muestra con un símbolo de retroceso o rebobinado) para deshacer lo realizado. La Actividad de Compensación se vincula con cada Actividad a través del Evento Intermedio de Compensación que está adjunto a sus límites. El vínculo entre la Actividad normal y la Compensación se realiza a través de una Asociación en lugar de un Flujo de Secuencia.

El Evento Intermedio de Compensación nunca se *activa* durante el *flujo normal* del Proceso. Sólo puede ser activado durante el *roll-back* del Sub-

Proceso de Transacción. Cuando el *token,* yendo en dirección inversa, lle-ga a una Actividad que tiene en Evento Intermedio de Compensación ad-junto Y ésta Actividad había terminado normalmente (es decir, no fue in-terrumpida o está incompleta), ese Evento de Compensación se ejecuta (ver Figura 12-9) y el *token* se envía luego a la Actividad de Compensa-ción *asociada.*

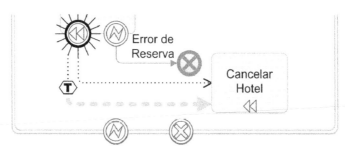

Figura 12-9—Los Eventos Intermedios De Compensación son activa-dos para iniciar las Actividades de Compensación

La Actividad de Compensación tiene el marcador de "rebobinado" para distinguirla de Actividades realizadas durante el *flujo normal*—la *compen-sación* no se realiza nunca durante la operación normal de un Proceso. Dado que la *compensación* sucede fuera de *flujo normal,* una Asociación de *compensación,* en lugar de un Flujo de Secuencia, vincula el Evento Intermedio de Compensación con la Actividad de Compensación (y, a través de ella, a la Actividad que necesita un *"roll back").* La Actividad de Compensación no debe tener ningún Flujo de Secuencia de *entrada o sa-lida.* Sólo una Actividad de Compensación puede ser *asociada* al Evento Intermedio de Compensación. Se pueden utilizar Tareas, pero es más fre-cuente utilizar Sub-Procesos debido a que por lo general el trabajo nece-sario para compensar es complejo.

Más precisamente, un Evento Intermedio de Compensación adjunto sólo se dispara si la Actividad se ha completado normalmente y está en el es-tado *completada* (véase la sección "El Ciclo de Vida de una Actividad" en la página 171 para obtener más información acerca de los *estados* de una Actividad). Si la Actividad todavía no se ha completado, o se inte-rrumpe, entonces la *Compensación* no tendrá lugar para esa Actividad.

Cuando la Actividad de Compensación finaliza, el *token* continúa su viaje hacia atrás a través de la *Transacción,* abandonando la Actividad cuyo trabajo se acaba de deshacer (ver Figura 12-10).

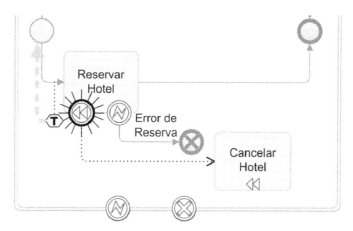

Figura 12-10—La *Transacción* completa el *roll-back*

Cuando todas las Actividades del Sub-proceso de Transacción han sido verificadas y, si es necesario, *compensadas*, entonces la *cancelación* de la *Transacción* se ha completado. Esto permite que el *token* en el Proceso *padre* viaje por el Flujo de Secuencia de *salida* de Evento Intermedio de Cancelación adjunto (ver Figura 12-11).

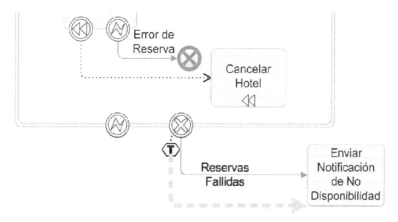

Figura 12-11—El Proceso continúa después que *la transacción se cancela*

Compensación sin un Sub-Proceso de Transacción

Un Evento Intermedio de Compensación adjunto (a una Actividad) también puede ser *activado* en cualquier Proceso normal (además de una *transacción*) cuando un Evento Intermedio de Compensación o Evento Final de Compensación que sigue *disparador* ("*trigger*") apropiado. El *disparador* será o bien el nombre de la Actividad a ser compensada o bien un *disparador de compensación* global, que activará todos los Eventos Intermedios de Compensación adjuntos.

Procesos Ad Hoc

El Proceso Ad Hoc representa a los Procesos donde las Actividades pueden producirse en cualquier orden, y en cualquier frecuencia—no existen decisiones obvias o un orden específico. Como tal, un proceso Ad Hoc representa otro tipo especial de Proceso de BPMN. Cuenta con un marcador, un Tilde (~), para mostrar que es Ad Hoc (véase Figura 12-12). Normalmente, las Actividades de un Proceso Ad Hoc involucran *actores humanos* que toman las decisiones en cuanto a que Actividades ejecutar, cuando llevarlas a cabo, y cuantas veces. Por ejemplo, un desarrollador de software puede necesitar escribir, probar y depurar el código en cualquier orden y en cualquier momento.

La Figura 12-12 presenta un Proceso de desarrollo de un capítulo de un libro, donde es necesario investigar el tema, escribir el texto y añadir gráficos, etc., pero es imposible determinar la frecuencia y el orden por adelantado.

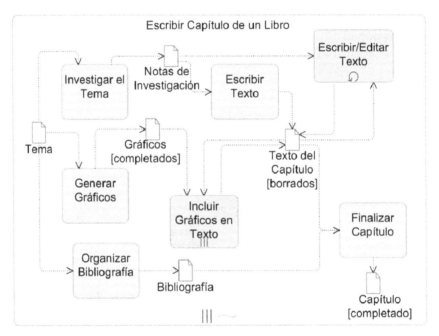

Figura 12-12— Ejemplo de un Proceso Ad-Hoc

Aunque por lo general no se utilizan Flujos de Secuencia dentro de un Proceso Ad Hoc, es posible usar ocasionalmente Flujos de Secuencia entre algunas de las Actividades para mostrar una dependencia de orden entre ellas. Pero el uso de Flujos de Secuencia no implica que exista un comienzo o un final específico en el Proceso.

También es posible mostrar los datos de *entrada* o *salida* de las Actividades.

Como se mencionó anteriormente, el actor o actores pueden llevar a cabo las Actividades en cualquier orden y cualquier número de veces. Eventualmente la ejecución del Proceso finaliza, pero ya que no hay un Evento Final para marcar el final del proceso, se utiliza otro mecanismo. El Proceso Ad Hoc tiene un atributo de *condición de finalización* que no es gráfico, que se utiliza para determinar si el trabajo del proceso se ha completado. Al comienzo del Proceso el atributo es *falso*. Cuando el atributo se convierte en *verdadero*, el Proceso termina. El atributo sólo se vuelve *verdadero* cuando los datos expresados en la *condición* se actualizan durante la realización de una de las Actividades del Proceso Ad Hoc.

Apéndices

Ambientes de Ejecución de Procesos

Resumen: *Este apéndice está diseñado para brindar al lector una breve descripción de los componentes de una Suite de BPM moderna.*[39]

El enfoque general no es especialmente nuevo – los sistemas de workflow han estado presentes desde finales de los 80 – pero se están volviendo más maduros. Tecnologías como XML y Web Services han resuelto muchos de los problemas de integración existentes durante los 90. Actualmente las herramientas incluyen sofisticados ambientes de monitoreo, integración de reglas de negocio, mecanismos de simulación y facilidades para gestionar el despliegue de modelos de procesos y otros artefactos necesarios para la operación. A medida que fueron evolucionado, muchos vendedores adoptaron el término "Suite de BPM" para describir la naturaleza amplia de su oferta.

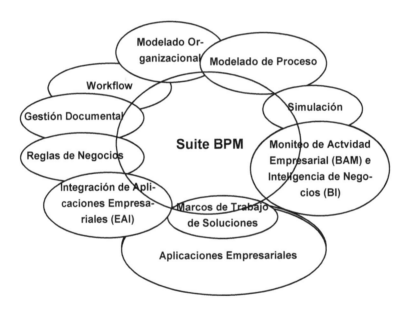

Figura 12-13—El Modelador de Procesos es un elemento importante en una Suite de BPM

Los productos por lo general incluyen herramientas para encadenar procesos o para conectar fragmentos de procesos en tiempo de ejecución (basado en el contexto de la instancia que está ejecutando).

---

[39] Para una discusión más profunda de las Suites de BPM y sus capacidades, vea "Mastering BPM – The Practitioners Guide" por Derek Miers.

En paralelo con esta evolución funcional que ha llevado al surgimiento de las Suites de BPM, también el uso de modelos de procesos ha evolucionado. En los primeros días servían como una guía para los desarrolladores que luego configuraban el ambiente. Luego los vendedores comenzaron a incorporar capacidades de modelado en sus productos. Con el tiempo estas herramientas de modelado se volvieron más fáciles de usar, pero sus capacidades seguían restringidas por las capacidades básicas del motor de procesos- es decir, los vendedores solo soportaban las funcionalidades que sus motores propietarios necesitaban.

Con la aparición de lenguajes de procesos estructurados y basados en XML como BPML (Business Process Modeling Language) y más tarde BPEL (Business Process Execution Language), el motor en el corazón de la Suite de BPM tuvo que evolucionar al punto en que pudiera ejecutar directamente un modelo de proceso (sin traducción intermedia en formatos propietarios).

Técnicas para la Arquitectura de Procesos

Resumen: *No es nuestra intención con esta sección insinuar una metodología específica, por el contrario, el objetivo es destacar los temas y desafíos, discutiendo las posibles aproximaciones. También apuntaremos a algunas técnicas que nos pueden ayudar en nuestro viaje hacia la excelencia de procesos.*

Descomposición Funcional

La mayoría de nosotros recurriría inmediatamente a la Des-composición Funcional [40] [41] —para descomponer el dominio jerárquicamente, con una parte contenida dentro de otra.[42] A menudo esto causa problemas ya que esa estructura jerárquica implica que el mundo también se estructura jerárquicamente. En realidad, el modelador está imponiendo esa estructura como una forma de simplificar el dominio del problema.

Por ejemplo, el Proceso de CRM (Customer Relationship Management) no está contenido en Ventas, ni en Marketing, ni en ningún otro grupo funcional para ese tema.; es una "Capacidad" que necesita exhibir toda la organización.

Adicionalmente, la Descomposición Funcional tiende a reforzar los compartimentos estancos que las iniciativas orientadas a procesos intentan romper, aunque puede resultar atractiva para los ingenieros de software como una forma de descomponer el problema en un conjunto de entradas y salidas para cada paso. La analogía se empieza a romper en el mundo real de trabajo de oficina, servicios y relaciones con los clientes.

Punto Clave: *Es mejor pensar los Procesos como redes que como un tipo de estructura jerárquica estáticamente definida.[43]*

Punto Clave: *Como criterio general, se debe evitar la descomposición funcional.*

Composición de Procesos

Otra forma de abordar el problema de la fragmentación es la de componer Procesos a partir del conjunto de partes que lo componen. A primera vista parecería ser apenas diferente de la Descomposición Funcional, sin

---

[40] La descomposición funcional es un método para estructurar jerárquicamente funciones de negocio, procesos y sub-procesos dentro de una organización. El especialista en cibernética británico Stafford Beer describió la "Descomposición Funcional" como un "mecanismo para culpabilidades". Beer era responsable por el Modelo de Sistema Viable.

[41] El uso de Capitalizaciones en este capítulo es para dar énfasis en los conceptos calves que se discuten. Términos como Capacidades, Servicios y Descomposición Funcional no son parte de la especificación BPMN (en otras partes del libro nos reservamos el uso de Capitalizaciones para los elementos gráficos de BPMN).

[42] En BPMN, el concepto Sub-Proceso Embebido soporta descomposición funcional. Vea Sub-Procesos Embebidos en la página 77.

[43] De hecho, es más preciso pensarlo como una red dinámica de instancias de proceso interactuando entre si.

embargo, es totalmente distinto en términos de la flexibilidad y agilidad que entrega.

Cuando los Procesos se componen de otros Procesos, los de nivel inferior pueden ser <u>reutilizados</u> en otros procesos (en lugar de quedar restringidos a un contexto único). Esto significa, por supuesto, que para soportar este contexto reutilizable estos procesos requieren de un cuidadoso diseño y construcción. De alguna forma, cada Proceso de nivel inferior provee un "Servicio" a sus Procesos *padre*.[44]

Arquitectura Orientada a Servicios de Negocio

Aunque la composición de Procesos provee el mecanismo, esto no necesariamente implica que ayude al modelador a decidir en qué procesos es requerida.

En primer lugar, al nivel de detalle superior, es necesario decidir en qué consiste el negocio exactamente. ¿Qué capacidades se requieren en forma permanente? Los Procesos se convierten en una forma de implementar esas Capacidades a través de Servicios. Quiere decir que a este nivel analizamos "Procesos y Propósitos" en lugar de Procesos como con un conjunto de Actividades o Tareas secuenciales.[45]

El truco está en pensar los *resultados* que son importantes para los clientes y demás interesados, y luego imaginar los "Servicios" que entregarán esas Capacidades. Deberían ser los Servicios quienes deleiten a los clientes y les provean una experiencia superior. Estos Servicios estarán compuestos de otros Servicios, pero eventualmente, un Proceso (procedimiento) implementa un Servicio.

Como resultado, una Capacidad del negocio se implementa a través de un conjunto de Servicios, que a su vez son implementados a través de la composición de otros Servicios.[46]

La idea radica en que, mediante el entendimiento de las capacidades y comportamientos requeridos, es que se vuelve posible concluir en una organización y conjunto de Procesos que los soporten. Esto está en marcado contraste con el uso de la descomposición funcional, donde la estructura actual organizativa suele ser el punto de partida.

Punto Clave: *El desarrollo de una perspectiva de alto nivel sobre las Capacidades de Negocio requeridas para el éxito organizacional provee un contexto y alcance al trabajo del modelado de Procesos.*

---

[44] En BPMN, la construcción de Sub-Procesos Reutilizables soporta la Composición de Procesos (ver Sub-Procesos Reutilizables en la página 78).

[45] Para una discusión más extensiva de estos aspectos, vea *Mastering Business Process Management—The Practitioner's Guide* por Derek Miers (publicado en Septiembre de 2008).

[46] Utilizamos un conjunto de técnicas de taller para apoyar esta misión, pero escapan al alcance de este libro. Estas técnicas se basan en el enfoque de Servicios de ADN desarrollado por el Dr. Allan Webster y otros.

Del Contexto de Negocio a la Arquitectura de Procesos

Aun habiendo identificado un nivel de alcance del negocio apropiado, la elaboración de una Arquitectura de Procesos discreta sigue siendo un desafío. La mejor técnica que hemos encontrado para esta tarea es el análisis de Unidad de Trabajo (UoW - Unit of Work).[47]

El análisis UoW implica reunir a todos las personas de negocio relevantes en un taller de ideas para elaborar una larga lista de las Entidades de Negocio Esenciales (EBEs - Essential Businnes Entities). Las EBEs se refieren a las cosas que representan la "esencia" o el "tema del asunto" del dominio en cuestión y se derivan del entendimiento de lo que la organización es.

Posteriormente, esta lista se filtra para identificar aquellos elementos que tienen un "ciclo de vida" que la organización necesita administrar. Estas son las Unidades de Trabajo. Por ejemplo, en una organización de manufactura, los productos son desarrollados, llevados al mercado, retirados, etc. Para un cuerpo de estándares como el OMG, las "Especificaciones" se elaboran en borrador, se revisan, se aprueban, se distribuyen, se cambian, se retiran, etc.

Entonces esto es cuestión de buscar las interacciones entre las Unidades de Trabajo (Genera, Necesita, Requiere, Activa, Llama a, etc.). El objetivo es identificar las relaciones dinámicas entre estos objetos. Paso siguiente, para cada Unidad de Trabajo, existirán tres Procesos—Manejar una instancia de, Gestionar el Flujo de Instancias y un Proceso Estratégico que intenta mejorar los primeros dos.

El resultado neto es que, a través del Análisis de Unidades de Trabajo se vuelve posible generar mecánicamente una Arquitectura de Procesos para un dominio en particular.[48] Esta Arquitectura de Procesos está basada en las necesidades del mundo real habiendo sido validadas y en algún sentido "diseñadas" por los especialistas de negocio involucrados.

Además, es posible completar el ejercicio completamente en una tarde si se tiene acceso a los expertos relevantes en el asunto. Por lo tanto, independientemente de la base existente, es una validación importante.

---

[47] Propuesto por Martyn Ould en el Capítulo 6 de su libro *Business Process Management—A Rigorous Approach.*. Este libro también es la <u>referencia clave</u> para los Diagramas RAD (Role Activity Diagram). Los RADs proveen una potente representación de Procesos alternativa, combinada coreografía (interacción de roles) con actividades e instanciación.

[48] Nuevamente, esta técnica cae fuera del alcance de este libro. La introducimos aquí porque ofrece un método viable para el diseño de una Arquitectura de Procesos adecuada—una que no se basa en la estructura de información de la organización.

Para leer más

En grandes organizaciones, se vuelve mucho más difícil seguir la pista de todos los recursos e información sobre modelos, metas, objetivos y perspectivas relacionadas con el viaje hacia la mejora e innovación de los procesos operativos.

El viaje en sí mismo es un ejercicio para la construcción de competencias organizacionales alrededor de los procesos de negocio. Dentro de la OMG hay dos especificaciones que pueden ayudar a la organización a trazar la ruta y permitir la gestión de la trazabilidad de sus activos en esta área.[49]

- El Modelo de Madurez de Procesos de Negocio (BPMM - Business Process Maturity Model) puede imaginarse como la descripción del *viaje* en que las organizaciones se embarcan cuando se comprometen con una iniciativa de transformación dirigida por procesos. Describe las cinco etapas de madurez organizacional (en relación con los procesos de negocio) y los comportamientos de una organización en ese nivel de madurez.[50]
- El Modelo de Motivación Empresarial ofrece un esquema o estructura para el desarrollo, comunicación y gestión de planes de negocios de una manera organizada. En concreto, el Modelo de Motivación Empresarial identifica los factores que motivan a la creación de planes de negocio, la definición de los elementos de estos planes de negocio, y cómo todos estos factores y elementos se interrelacionan. Entre estos elementos están los que proporcionan la gobernanza y la orientación al negocio— Políticas de Negocio y Reglas de Negocio.

---

[49] En el análisis final, los modelos de Procesos de Negocio son solo un tipo de los activos que las organizaciones necesitan.

[50] BPMM es un modelo de madurez totalmente desarrollado que sigue rigurosamente los principios establecidos en los frameworks de madurez de procesos del SEI, por ejemplo CMMI. BPMM se orienta alrededor de las necesidades de la comunidad de negocios en lugar de la orientación a proyectos de IT como CMMI y CMM. El BPMM incorpora mejoras en la cobertura, estructura e interpretación que han sido desarrolladas desde la publicación de sus modelos de madurez predecesores.

Cuestiones y Direcciones BPMN

Coreografía versus Orquestación

En su versión básica, el BPMN es fundamentalmente una notación orientada a los diagrama de flujos—es decir, se enfoca en la "orquestación" de un Proceso. Más específicamente, ve los Procesos como una secuencia de pasos desde la perspectiva de la organización que necesita llevar a cabo el trabajo.

BPMN puede representar una vista simple orientada a la coreografía[51] usando Flujos de Mensaje entre Pools. Pero es mucho más difícil representar el "proceso derivado" que existe entre estos dos Pools. Uno de los requerimientos para el desarrollo del BPMN 2.0 es el de proveer un mecanismo detallado para el modelado de *coreografías*.

Decisiones de Colaboración y Reuniones

Si aplicamos el paradigma de diagramas de flujo, la asignación de trabajo suele ser representada a través de la agrupación de Actividades dentro de Carriles (por lo general representando roles de la organización). Como resultado de ello, se hace muy difícil (si no imposible) representar de forma confiable una decisión colaborativa (donde varios roles de la organización interactúan para tomar una decisión).

Futuro de BPMN

La especificación está por cambiar dramáticamente con la liberación del BPMN 2.0. Sin embargo, el look-and-feel de la notación se va a mantener intacto—es decir, un diagrama BPMN 2.0 se va a parece mucho a un diagrama BPMN 1.1.

Mientras que el acrónimo (BPMN) se mantiene igual, las palabras cambian levemente—se convertirá en "Business Process Model and Notation", es decir, "Modelado y Notación de Procesos de Negocios", en lugar de "Notación para el Modelado de Procesos de Negocios". Aunque este cambio parezca trivial, el énfasis está ahora en una noción vinculada a un meta modelo explícito y al formato de serialización (mecanismo de almacenamiento). La inclusión de un formato de almacenamiento y un meta modelo permitirá la portabilidad entre herramientas de varios vendedores, aunque de todos modos provee las facilidades adecuadas para que los vendedores extiendan y diferencien sus productos.

Gráficamente, veremos la inclusión de características para mejor soporte de *coreografías*—existirá un nuevo diagrama de *coreografía* definido en la especificación. Un diagrama de *coreografía* será independiente, o podrá aparecer en el contexto de un diagrama de *colaboración* más amplio (diagramas que incluyen Pools).

---

[51] Las interacciones de los participantes involucrados

Algunas de las nuevas características esperadas en BPMN 2.0:

- Un diagrama de coreografía.
- Un diagrama de conversación (relacionado a coreografía y colaboración).
- Un nuevo tipo de Evento Intermedio: Escalada, que es como un tipo de error (y tiene el mismo alcance) excepto que no interrumpe las Actividades.
- Una opción en los Eventos Intermedios Asociados de tal manera que no interrumpan. Esto va a soportar *disparadores* como Temporizador, Mensaje, Escalada, Señal, Condicional, y Múltiple.
- Eventos de Sub-Procesos especializados—un tipo de Sub-Procesos opcionales usados para no interrumpir Actividades o compensación. Esto va a soportar *disparadores* como Temporizador, Mensaje, Escalada, Señal, Condicional, y Múltiple.
- Una extensión a la definición de actividades humanas.
- La formalización o el mejoramiento de la infraestructura técnica; como la semántica de la ejecución, la asociación con BPEL, la composición y correlación de Eventos, el uso de servicios, y los mecanismos de extensión.
- Un esquema XML como formato de intercambio para portabilidad (también una versión XMI para herramientas UML). El intercambio funcionará tanto para la información del modelo (semántica) como para la disposición de las formas en el diagrama.

Las versiones posteriores (luego de la libración de BPMN 2.0) probablemente incluyan un número de "niveles de conformidad" (para que los vendedores puedan declarar explícitamente el grado de soporte directo a la especificación BPMN que proveen). Esto contrasta con la situación actual en la que un vendedor puede declarar que soporta BPMN solo con que algunas de las formas puedan ser representadas gráficamente, ignorando el resto de la especificación. De hecho una encuesta rápida de las herramientas de BPMN demuestra una variación significativa en términos del grado de soporte que proveen.

Esperamos que el BPMN 2.0 pase por todos los comités relevantes del OMG para fines del primer cuatrimestre del 2009. Es poco probable que emerja antes del final del segundo cuatrimestre del 2009 (y eso será en una versión Beta).

Buenas Prácticas de BPMN

Este apéndice recopila individualmente las mejores prácticas identificadas en todo el libro:

Mejor Práctica: **Envío y Recepción de Mensajes**—*El modelador podría escoger entre usar solamente Tareas de Enviar y Recibir, o usar los Eventos Intermedios de Mensaje de lanzar y capturar. La Buena Práctica es evitar mezclar ambas aproximaciones en el mismo modelo.*

Hay ventajas y desventajas de ambos enfoques. Los Eventos Intermedio de Mensaje producen el mismo resultado pero tienen la ventaja de ser gráficamente distinguibles (mientras que las tareas no lo son). Por otra parte, las Tareas, usada en lugar de los Eventos pueden permitir que el modelador asigne recursos y simule costos.

Mejor Práctica: **Utilización de Eventos de Inicio**—*En general, recomendamos que los modeladores usen eventos de Inicio y Fin.*

Mejor Práctica: **Configuración de Temporizadores**—*evitar el uso de condiciones temporales específicas de fecha y hora ya que impiden la reusabilidad del proceso.*

Mejor Práctica: **Usar Condiciones Predeterminadas**—*El uso de condiciones predeterminadas, o condiciones por defecto, en un Flujo de Secuencia de salida es una forma de que el modelador se asegure que el Proceso no quede trancado en un Gateway Exclusivo. Esto genera un Flujo de Salida Predeterminado (ver "Flujo de Salida Predeterminado" en la página 162). El camino predeterminado es escogido cuando las condiciones de* <u>*todos*</u> *los demás Flujos de Secuencia de salida resultan ser* falsas.

Mejor Práctica: **Usar Eventos Intermedios Temporizados con Gateways de Eventos**— *Una forma para que el modelador se asegure que el Proceso no quede trancado en Gateway Exclusivo Basado en Eventos es usar un Evento Intermedio Temporizado como una de las opciones para el Gateway.*

Mejor Práctica: **Asegurar que el número de Flujos de Secuencia de** *entrada* **es correcto para un Gateway Paralelo**—*La clave es revisar minuciosamente, asegurando que los Gateways Paralelos que se unen tengan el número correcto de Flujos de Secuencia de entrada—especialmente cuando se usan junto con otros Gateways. A modo de guía, los modeladores deben hacer coincidir los Gateways Paralelos que se fusionan y dividen (si el comportamiento deseado es de integrarlos nuevamente).*

Mejor Práctica: **Usar una Condición Predeterminada en un Gateway Inclusivo**—*Una forma para que el modelador se asegure que el Proceso no quede atascado en un Gateway Inclusivo es la* condición predeterminada *para los Flujos de Secuencia de salida. Este Flujo de Salida Predeterminado siempre se evalúa* verdadero *cuando* <u>*todos*</u> *las demás condiciones de* los *Flujos de Salida se resultan ser* falsas *(ver "Flujo de Secuencia Prede-terminado en la página 162).*

Mejor Práctica: **Usar siempre Gateways Inclusivos de a pares**—*Una forma de evitar comportamientos inesperados es crear modelos donde los Gateways Inclusivos Divisores son seguidos por Gateways Inclusivos Unificadores y la cantidad de Flujos de Secuencia debe coincidir entre ellos*

Mejor Práctica: **Usar Anotaciones de Texto en los Gateways Complejos**—*Ya que el comportamiento de los Gateways Complejos es distinto para cada Gateway, se recomienda usar Anotaciones de Texto para explicar al lector del diagrama el comportamiento que se ha configurado para el Gateway.*

Mejor Práctica: **Usar un Flujo de Secuencia por Defecto o Estándares cuando se usan Flujo de Secuencia Condicionales**—*Una forma de que el modelador se asegure que el Proceso no quede atascado luego de una Actividad es usar Flujos de Secuencia por Defecto o Estándares cuando se usan Flujos de Secuencia Condicionales.*

Mejor Práctica: **No asociar un Objeto de Datos con un Flujo de Secuencia si el Flujo de Secuencia está conectado a un Gateway**—*La aplicación de inputs y outputs se puede confundir fácilmente cuando se usan uno o más Gateways para Flujos de Secuencia que están asociados con Objetos de Datos.*

Mejor Práctica: **Modelar Inputsets**—*Si hay más de un inputset, elegir un punto en la frontera de una Actividad y hacer que todas las entradas que pertenezcan a ese inputset se conecten a ese punto. Las entradas para los otros inputsets se deben conectar cada una a puntos separados en la frontera de la Actividad. El mismo patrón se debe usar para el modelado de los outputsets.*

Epílogo

¿Si usted quisiera hacer una taza de café, dibujaría un diagrama para describir el proceso? Probablemente no. Es un proceso simple, podemos memorizar fácilmente los pasos necesarios, y ejecutar cada uno de ellos por nosotros mismos. Michael Hammer alguna vez dijo "Si no hace que tres personas se molesten entonces no es un proceso."[52]. Por otro lado, si usted quisiera enseñarle como hacer café a alguien, si quisiera construir una máquina de café expreso automática, o si quisiera estandarizar como operan cientos de franquicias de su imperio del café, entonces la utilidad de los diagramas visuales de proceso se vuelven evidentes inmediatamente.

El lenguaje natural está poblado de ambigüedades—a menudo necesitamos entender el contexto de una frase en particular para que la misma tenga sentido. Los lenguajes de modelado de procesos reducen esta ambigüedad ya que limitan la cantidad de símbolos (es decir palabras) que podemos usar para construir los diagramas (es decir oraciones). Además, cada elemento de un lenguaje de modelado tiene típicamente un significado bien definido, que reduce la cantidad de interpretación necesaria para entender el diagrama.

Cuando se diagraman procesos es importante seleccionar una perspectiva que sea apropiada para analizar el problema en cuestión, y esta elección de perspectiva tiene implicancias sobre la elección de la técnica. El análisis de procesos puede enfocarse en tres posibles perspectivas: Actividades, Recursos u Objetos.

El análisis de procesos enfocado en Objetos ubica al sujeto que está siendo procesado en el centro del mismo. En el caso de un proceso de adquisiciones, la orden de compra sería el objeto focal, y los posibles caminos son definidos por los cambios de estados que la misma pude sufrir. Este tipo de análisis resulta útil en procesos donde el objeto central es un documento u artefacto físico que le da forma al proceso y a los recursos necesarios para avanzar en dirección a un estado destino deseado.

El análisis de procesos enfocado en Recursos pone el énfasis en los participantes que llevan a cabo las acciones en el proceso. En esta visión del mundo, el objeto en proceso se pasa de una estación de trabajo a otra y donde cada una de ellas tiene capacidad para y realizan las acciones que corresponden según ciertas características del objeto. Esta visión es particularmente apropiada cuando el proceso se lleva a cabo dentro de una infraestructura fija que es muy costosa o riesgosa de adaptar. El análisis centrado en los procesos puede descubrir estructuras de redes sociales que evidencien la necesidad de cambios en la estructura organizacional.

El análisis de procesos centrado en las actividades pone el foco en las tareas mismas, el secuenciamiento, y las condiciones para su activación

---

[52] Hammer, M. (1996): Beyond Reengineering. Harper Collins.

y finalización. La mayoría de los lenguajes de modelación de procesos apuntan a este análisis.

La Notación para el Modelado de Procesos de Negocios (BPMN) tiene precedentes, las primeras técnicas para el diagramado estándar de procesos de desarrollaron en 1920. Entre las técnicas más usadas podemos citar los diagramas de flujo para representar procedimientos administrativos y los diagramas de Nassi-Schneiderman para la programación estructurada. La Gestión de Proyectos nos trajo los diagramas de Gantt y los diagramas de redes PERT. La disertación de Carl Adam Petri "Comunicación con Autómatas" llevó a las Redes de Petri que en su lugar se han convertido en otros diagramas de red refinados, con colores, jerárquicos, workflows y de otros tipos. Las metodologías de desarrollo de orientadas a objetos de los 80 dieron lugar al Lenguaje de Modelado Unificado (UML) que a su vez trajo a los Diagramas de Secuencia y Diagramas de Actividad para describir el comportamiento de un sistema. ¿Por qué entonces el mundo necesitaba otro lenguaje de modelado de procesos?

Por un lado, BPMN integra las capacidades de algunos de sus predecesores. Combina los swimlanes organizacionales de los Diagramas de Actividad con los conceptos de mensajería de los Diagramas de Secuencia, introduce una larga selección de tipos de eventos y múltiples formas de descomponer jerárquicamente un proceso complejo. La combinación de elementos de distintos lenguajes lo convierte en otro lenguaje altamente expresivo.[53] De todos modos, esta expresividad tiene un costo. Con más de 50 símbolos gráficos hay muchas formas de representar el mismo proceso.[54]

Hay tres aspectos que hacen a la riqueza del BPMN: La capacidad de expresión del lenguaje, lo que los modeladores usan del mismo, y lo que los modeladores deberían de usar. BPMN es una notación rica pero, de la misma forma que aprender todas las palabras de la lengua Inglesa no nos convierte automáticamente en un nuevo Ernest Hemingway, el conocimiento de todos los símbolos de BPMN no garantiza que el modelador vaya a crear diagramas sensibles. De hecho, en un análisis reciente de más de 120 diagramas BPMN, detectamos muchos errores de modelado, y en algunos casos esos errores fueron intentos deliberados de señalar

[53] Rosemann, Michael; Recker, Jan; Indulska, Marta y Peter Green: A Study of the Evolution of the Representational Capabilities of Process Modeling Grammars, en E. Dubois and K. Pohl, eds., Advanced Information Systems Engineering - CAiSE 2006, Vol. 4001, Lecture Notes en Computer Science, Luxemburgo, Grand-Duchy of Luxembourg: Springer, 2006, pp. 447-461.

[54] zur Muehlen, Michael; Recker, Jan; Indulska, Marta: Sometimes Less is More: Are Process Modeling Languages Overly Complex? In: Taveter, K.; Gasevic, D. (Eds.): The 3rd International Workshop on Vocabularies, Ontologies and Rules for The Enterprise (VORTE 2007). Baltimore, MD, October 15th, 2007, IEEE Publishers.

debilidades del modelo que representa la realidad tal cual es (modelos conocidos como "as-is").[55]

Aquí vemos un ejemplo de un proceso en formato BPMN 1.0 de una gran agencia gubernamental:

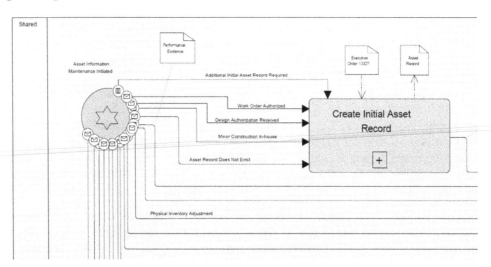

¿Podría señalar los errores de modelado en el diagrama? Son dos: Un evento no puede conectarse con otros eventos y un símbolo de evento de inicio no puede conectarse con ningún otro símbolo. Errores de este tipo se pueden solucionar fácilmente con entrenamiento. El estilo general de este ejemplo nos hace reflexionar acerca de una pregunta más importante: ¿Cuál era la intención del modelador, y como esta intención se podría expresar de forma correcta, clara y completa? En el ejemplo anterior el modelador se enfrentó con un proceso que podía ser disparado por varios documentos que podían ingresar en una variedad de combinaciones. El modelador eligió capturar todos los posibles mensajes de entrada con gran detalle mientras que la primera actividad del proceso está relativamente a más alto nivel. Este error en los niveles de abstracción no se puede solucionar solamente con un estudio profundo del estándar BPMN. El estándar solamente especifica lo que es un diagrama correcto pero no lo que es un buen diagrama. De la misma forma que un escritor complementa el diccionario de inglés con una guía de estilos también el modelador debe hacerlo con una guía similar.

Desde su concepción, el BPMN ha sido adoptado ansiosamente tanto por profesionales como académicos, y ha sido enseñado alrededor de todo el mundo en seminarios de capacitación y universidades. Las herramienta de apoyo están en construcción y un número creciente de organizaciones han declarado al BPMN como el estándar corporativo para el modelado de procesos, pero aún queda mucho por hacer.

---

[55] zur Muehlen, Michael; Recker, Jan: How Much Language is Enough? Theoretical and Practical Use of the Business Process Modeling Notation, 20th International Conference on Advanced Information Systems Engineering (CAiSE 2008), Montpellier, France, June 16-20, 2008, Springer LNCS, pp. 465-479.

Profesionales y aspirantes a modeladores por igual necesitan una guía de orientación autorizada en términos de cómo el BPMN puede ser utilizado para maximizar los resultados. Este libro que tiene en sus manos, escrito por dos expertos en la materia, provee esta guía de una forma claramente estructurada y completa. Proporciona asesoramiento tanto en la sustancia como en el estilo de sus diagramas de proceso.

Es mi deseo que las lecciones de este libro le ayuden a mejorar la calidad de sus diseños de procesos. Mejores procesos aumentan la comunicación y a su vez esto conduce a mejores resultados del negocio. Así pues, pasemos la página de los malos modelos de procesos.

Michael zur Muehlen,

Stevens Institute of Technology, USA

Biografía de los Autores

Stephen A. White, Ph.D.

Email: wstephe@us.ibm.com
Arquitecto BPM
IBM Corp.

Actualmente Stephen A. White es Arquitecto BPM en IBM. Cuenta con 25 años de experiencia en modelado de procesos – desde desarrollo de modelos, consultoría, capacitación, diseño de herramientas de modelado de procesos, gestión de productos, y desarrollo de estándares. A mediados de los 90 fue gerente de producto en Holosofx (posteriormente adquirida por IBM), donde obtuvo mucha experiencia con la perspectiva del analista de negocios a través de mucha capacitación y consultoría. Luego de Holosofx estuvo en SeeBeyond (posteriormente adquirida por Sun Micrsosystems) donde comenzó a trabajar en estándares, incluyendo el inicio de BPMN. De SeeBeyond pasó a IBM donde continuó con su trabajo con estándares y con BPMN.

Mientras estuvo en SeeBeyond y en IBM, se desempeño en el Consejo Directivo de BPMI.org (que posteriormente se fusionó con el OMG). Dentro del OMG actualmente forma parte del Comité de Dirección y es copresidente de un Grupo de Interés Especial en Metamodelos de Procesos patrocinado por el Grupo de Arquitectura.

Como presidente del Grupo de Trabajo y Editor de Especificaciones desde su concepción, Stephen A. White fue instrumentador en la creación del estándar BPMN y actualmente está guiando su continuo refinamiento en el OMG.

Derek Miers

Email: miers@bpmfocus.org
Analista Industrial y Estratega Tecnológico
BPM Focus

Derek Miers es un reconocido analista industrial independiente y estratega tecnológico. Brinda capacitación y consultoría de clase mundial acerca de BPMN, Arquitectura de Procesos y BPM en general.

A lo largo de los años ha llevado a cabo una amplia gama de consultorías que incluyen cientos de cursos de entrenamiento (en técnicas de modelado de procesos y negocios), estudios de evaluación para selección de tecnologías y evaluación de riesgos de proyectos. Otros compromisos han involucrado servicios de consultoría estratégica, desde conversaciones sobre iniciativas BPM a nivel de directorio, el establecimiento de Centros de Excelencia y Proyectos BPM, hasta ayudar a los clientes a desarrollar nuevo modelos de negocio que apalanquen la estrategia de procesos de negocio.

Sus clientes incluyen muchas de las compañías más grandes y reconocidas del mundo de servicios financieros (bancos, aseguradoras y sociedades de construcción), empresas farmacéuticas, proveedores de telecomunicaciones, empresas comerciales, proveedores de productos y organizaciones gubernamentales.

Como Copresidente de BPMI.org ayudó a fusionar la organización con el OMG y tiene su lugar en el Comité de Dirección en BPM de este último. En BPMI.org colaboró en la creación del evento BPM Think Tank, y dentro del OMG continúa jugando un rol activo en su organización y ejecución. También participa activamente en la creación de estándares relacionados con procesos.

Derek Miers también es autor de *Mastering BPM—A Practitioners Guide*, publicado por MK Press (ISBN 0-929652-46-0).

Prólogo

Richard Mark Soley, Ph.D.

Email: soley@omg.org
CEO y Presidente
Object Management Group, Inc. (OMG®)

El Dr. Richard Mark Soley es Presidente y CEO (Chief Executive Officer) del "Object Management Group, Inc." (OMG®) y Director Ejecutivo del "SOA Consortium".

Como Presidente y CEO del OMG, el Dr. Soley es responsable por la visión y dirección de uno de los consorcios más grandes del mundo en su tipo. El Dr. Soley se unión al recién creado OMG como Director Técnico en 1989k liderando el desarrollo del proceso de estandarización de OMG y la especificación CORBA® original. En 1996, dirigió la iniciativa de pasaje hacia estandares de mercados verticales (comenzando con salud, finanzas, telecomunicaciones y manufactura), que primero llevo al Lenguaje de Modelado Unificado (UML®) y más tarde a la "Model Driven Architecture" (MDA®). También dirigió los esfuerzos para el establecimiento del "SOA Consortium" en Enero de 2007.

Anteriormente, el Dr. Soley fue cofundador, CEO y presidente de A. I Architects, Inc., fabricantes del 386 Humming-Board y otros componentes de harware y software para PC y estaciones de trabajo. Previo a esto fue consultor para varias compañías de tecnologías y firmas de capital de riesgo en asuntos pertinentes a las oportunidades de inversión en software. El Dr. Soley también ha sido consultor para IBM, Motorola, PictureTel, Texas Instruments, Gold Hill Computer y otros. Comenzó su carrera profesional en Honeywell Computer Systems trabajando en el sistema operativo Multics.

Nacido en Baltimore, Maryland, U.S.A., el Dr. Soley tiene títulos de grado, maestría y doctorado en Ciencias de la Computación e Ingeniería del "Massachusetts Institute of Technology".

Angel Luis Diaz, Ph.D.

Email: aldiaz@us.ibm.com
Director, Websphere Business Process Management
IBM Software Group

El Dr. Angel Luis Diaz es Director de desarrollo, arquitectura y estrategias de tecnologías de Websphere Business Process Management en IBM.

Previamente el Dr. Diaz fue responsable del "Software Group Technology Strategy and SOA Innovation" de IBM. Su equipo fue responsable de dirigir el soporte de la tecnología de Web Services a través de toda la línea de productos y ofertas combinadas de IBM.

Antes de unirse al Grupo de Software de IBM en 2003, el Dr. Diaz fue miembro del equipo de Investigación de IBM y Senior Manager, donde dirigió proyectos de tecnología avanzada relacionados con XML y Web Services. En 2002 el Dr. Diaz inició uno de los dos primeros estandares del mundo que hacen uso de web services, el OASIS ("Organization for the Advancement of Structured Information Standards"), "Web Services For Remote Portals" (WSRP) y el "OASIS Web Services For Interactive Applications" (WSIA). Como resultado el Dr. Diaz fue nominado para el Consejo Asesor Técnico de OASIS, un cuerpo que define la agenda técnica para el trabajo futuro en estándares de OASIS. En 1998 el Dr. Diaz fue copresidente y coautor del primer estandar XML, el "World Wide Web Consortium" (W3C) "Mathematical Markup Language" (MathML). Desde entonces el Dr. Diaz participó en siete actividades de la W3C incluyendo el "Extensible Style Language" (XSL), "Cascading Style Sheets" (CSS) y el "Document Object Model" (DOM).

El Dr. Diaz recibió su Ph.D. en ciencias de la computación (computación distribuida, lenguajes de programación y algebra computacional) del Rensselaer Polytechnic Institute.

Epílogo

Michael zur Muehlen Ph.D.

Email: mzurmuehlen@stevens.edu
Director, Center of Excellence in Business Process Innovation
Howe School of Technology Management
Stevens Institute of Technology , United States

El Dr. Michael zur Muehlen es Profesor Asistente de Sistemas de Información en el Stevens Institute of Technology de Hoboken, NJ. Dirige el centro de investigación en BPM de ese Instituto ("Center of Excellence in Business Process Innovation") y es responsable por el programa de graduados en Gestión de Procesos de Negocio e Innovación de Servicios de esa Universidad. Previo a su compromiso con Stevens, Michael fue profesor senior del Departamento de Sistemas de Información, de la Universidad de Muenster , Alemania, y profesor visitante de la Universidad de Tartu , Estonia. Tiene más de 14 años de experiencia en el campo de la automatización de procesos y workflow, ha dirigido numerosos proyectos de diseño y mejora de procesos en Alemania y los Estados Unidos y se desempeña como "Enterprise Chief Process Architect" en la Agencia para la Transformación de Negocios del Departamento de Defensa de U.S.A.

Activo contribuyente a los estándares en el área de BPM, Michael fue nombrado miembro de la Workflow Management Coalition en 2004 y dirige el grupo de trabajo "Management and Audit." de esa institución. Estudia la aplicación práctica de estándares de modelado de procesos, técnicas para gestionar riesgos operacionales en procesos de negocio, y la integración de procesos de negocio y reglas de negocio. Varias instituciones han financiado sus investigaciones como ser: SAP Research, el Ejército de los Estados Unidos de América, el Consejo Investigador de Australia, y otros patrocinadores privados. Michael ha presentado sus investigaciones en más de 20 países. Es autor de un libro sobre control de procesos basado en workflow, numerosos artículos en periódicos, artículos para conferencias, capítulos de libros y artículos de trabajo en gestión de procesos y workflow. También ha participado y publicado ampliamente en estándares de BPM y estándares en general. Es el director y fundador del grupo de interés especial en gestión y automatización de procesos (SIGPAM) del AIS. Michael tiene un PhD (Dr. rer. pol.) y un MS en Sistemas de Información de la Universidad de Muenster, Alemania .

Glosario

Actividad:

Una Actividad representa el trabajo realizado dentro de un proceso de negocio. Tiene forma de rectángulo de bordes redondeados. Una Actividad normalmente toma cierto tiempo para su realización, involucra uno o varios recursos de la organización, requiere de algún tipo de *input*, y por lo general produce alguna clase de *output*. Las Tareas y Sub-Procesos son un tipo de Actividades.

Ciclo de Vida de Actividad:

Las Actividades BPMN pasan a través de una serie de *estados* (su *ciclo de vida*) desde el momento en que un *token* llega a la Actividad hasta que el *token* abandona la Actividad. Los tipos de estados de una Actividad son: *ninguno*, *listo*, *activo*, *cancelado*, *abortando*, *abortado*, *completando*, y *completado*. Una única *instancia* de una Actividad nunca pasará por todos esos *estados*.

Procesos Ad Hoc:

Los Procesos Ad Hoc representan Procesos donde las Actividades pueden ocurrir en cualquier orden y con cualquier frecuencia – no hay un ordenamiento específico ni decisiones obvias.

Elemento BPMN Avanzado:

Son elementos BPMN que, sugerimos, se usan para modelar comportamientos complejos. Es probable que sean de mayor interés para quienes estén interesados en automatizar Procesos usando una Suite de BPM o un ambiente de Workflow.

Artefacto:

Los *Artefactos* proveen un mecanismo para capturar información adicional sobre los Procesos, más allá de la estructura de diagrama de flujo subyacente. Existen tres tipos de Artefactos estandares en BPMN: Objetos de Datos; Grupos; y Anotaciones de Texto.

Asignación:

Las *Asignaciones* proveen mecanismos para representar datos en una Actividad mientras es instanciada, y para actualizar datos de Proceso basados en el trabajo de la Actividad cuando esta finaliza. También participan de Gateways Complejos como un medio para evaluar *condiciones* y luego controlar el flujo del *token*. Una *asignación* tiene dos partes: una *condición* y una *acción*. Cuando una asignación es ejecutada, primero evalúa la *condición* y si la misma es *verdadera*, entonces realizará la *acción* como podría ser la actualización de una propiedad de un Proceso u Objeto de Datos. No se debe confundir los atributos de las *asignaciones* con los atributos del Ejecutor (usado para la asignación de roles).

Asociación:

Las Asociaciones vinculan (es decir crean una relación) entre dos objetos de un diagrama (como Artefactos y Actividades). Gráficamente se representan como una línea punteada (como la que conecta una Anotación de Texto con otro objeto)

Actividad Atómica:

Una Actividad *atómica* es una Tarea. Es el nivel de detalle más bajo presentado en un diagrama (es decir, no pueden ser descompuestas para ver más detalles).

Pool de Caja Negra:

Es un Pool vacío, es decir, no contiene un Proceso. Los detalles del Proceso probablemente son desconocidos para el modelador. Como no tiene elementos de Proceso adentro, cualquier Flujo de Mensaje entrante o saliente del Pool debe conectarse con sus bordes.

Entidad de Negocio:

Una *entidad de negocio* es uno de los posibles tipos de *participantes*. Ejemplos de *entidades de negocios* pueden ser IBM, FedEx, Wal-Mart, etc.

Proceso de Negocio:

En BPMN un Proceso de Negocio representa lo que la organización hace —su trabajo— para cumplir con sus objetivos o propósitos específicos.

Rol de Negocio:

Un *rol de negocio* es uno de los posibles tipos de *participantes*. Ejemplos de *roles de negocio* pueden ser comprador, vendedor, transportista, o proveedor.

Capturar:

Se refiere a tipos de Eventos que esperan a que algo ocurra para dispararse (por ejemplo, el arribo de un *mensaje*). Cuando se disparan habilitan al Proceso a continuar. Todos los Eventos de Inicio y algunos Eventos Intermedios son tipos de eventos *capturar*.

Categoría:

Una *categoría* es un atributo de BPMN común a todos los elementos. Se utiliza para fines de análisis. Por ejemplo, las Actividades podrían ser categorizadas como "valiosas para el cliente" o "valiosas para el negocio". Un Grupo es un mecanismo gráfico para resaltar una única *categoría*. Las herramientas de modelado pueden usar otros mecanismos (coloreado por ejemplo).

Proceso Hijo:

Un Proceso *hijo* es un Sub-Proceso contenido dentro de otro Proceso. La relación es de la perspectiva del Proceso—es el Proceso *padre* de un Proceso *hijo*.

Coreografía:

Una *coreografía* es una definición del comportamiento esperado entre *participantes* que interactúan entre sí (una especie de protocolo o contrato procedural). En un formato de diagrama de flujo, define la secuencia de interacciones entre dos o más *participantes*. Una *coreografía* comparte muchas de las características de una *orquestación* en el sentido que parece un proceso (es decir, un diagrama de flujo) y que incluye caminos alternativos y paralelos así como también Sub-Procesos.

Colaboración:

La *Colaboración* tiene un significado especial en BPMN. De la misma forma que una *coreografía* define el conjunto ordenado de *interacciones* (un protocolo) entre *participantes* (Pools), una *colaboración* solo muestra los *participantes* y sus *interacciones*. Una *colaboración* también puede <u>contener</u> uno o más Procesos (dentro de los Pools).

Sub-Proceso Colapsado:

Un Sub-Proceso *colapsado* es un Sub-Proceso donde los detalles del mismo no son visibles en el diagrama. Su apariencia es la misma que la de una Tarea con el agregado de un símbolo pequeño de "+" en la parte inferior del centro de la forma.

Compensación:

La *Compensación* está relacionada con el trabajo en curso que ha sido completado. Se modela a través de Eventos de Compensación y Actividades. Es una respuesta automática a la cancelación de una *transacción*.

Gateway Complejo:

Los Gateways Complejos manejan situaciones que otros tipos de Gateways no pueden soportar por la complejidad del comportamiento deseado. Los modeladores proveen sus propias expresiones que determinan el comportamiento en las uniones y/o divisiones del Gateway.

Actividad Compuesta:

Una Actividad *compuesta* es un Sub-Proceso. Las Actividades *compuestas* no son atómicas en el sentido de que se pueden abrir para visualizar otro nivel de detalle en el proceso.

Condición:

Una *condición* es una expresión en lenguaje natural o de computadoras que evalúa cierto dato. La evaluación resultará en una respuesta *verdadera* o *falsa*.

Evento Intermedio Condicional:

El Evento Intermedio Condicional representa la situación en la cual el Proceso está esperando que una *condición* predefinida se vuelva *verdadera*.

Flujo de Secuencia Condicional:

Se denomina Flujo de Secuencia Condicional cuando se utiliza una *condición* en un Flujo de Secuencia de *salida* de una Actividad, se representa con un pequeño diamante (como un pequeño Gateway) al principio del Conector. El *token* (flujo) seguirá su Flujo de Secuencia cuando la Actividad haya sido completada y la *condición* se evalúe *verdadera*.

Evento de Inicio Condicional:

El Evento de Inicio Condicional representa una situación en la que el Proceso se inicia (es decir, se dispara) cuando una *condición* predefinida se vuelve *verdadera*.

Conectores:

Los conectores son líneas que vinculan dos objetos en un diagrama. Hay tres tipos de Conectores BPMN: Flujo de Secuencia, Flujo de Mensaje, y Asociaciones.

Conversación:

Una *conversación* es una interacción de entre dos o más participantes al respecto de un asunto en particular (como un producto o solicitud de un cliente). No existe en BPMN una representación gráfica específica de una *conversación* pero la interacción puede involucrar a múltiples Procesos, *colaboraciones, y/o coreografías.* Se espera tener mayor soporte para este concepto en BPMN 2.0 (incluyendo diagramas especializados).

Elementos BPMN Básicos:

Son los elementos BPMN que nos parecen más aplicables a las necesidades de los Analistas de Negocio y de las personas de negocio. Pueden modelar la mayoría de los comportamientos que se presentan en los Procesos.

Flujo de Datos:

Un *Flujo de Datos* representa el movimiento de Objetos de Datos desde y hacia las Actividades. Gráficamente, los conectores de Asociación dirigidos representan el *flujo de datos* entre un Objeto de Datos y una Actividad.

Objetos de Datos:

Los Objetos de Datos representan la información y documentos en un Proceso. Los Objetos de Datos usan una forma de documento estandar (un rectángulo con una esquina plegada). Por lo general constituyen las *entradas* y *salidas* de las Actividades.

Deadlock:

Un *deadlock* es una situación en la que un Proceso no puede continuar a causa de un requerimiento del modelo que no puede ser satisfecho. Por ejemplo, un Gateway Paralelo espera por un *token* de todos sus Flujos de Secuencia de *entrada* pero si uno nunca llega el Proceso nunca termina.

Decisión:

Es un punto en el Proceso donde se elige por uno (o más) caminos alternativos. Las Decisiones se implementan mediante Gateways Exclusivos, de Evento, Inclusivos y Complejos.

Flujo de Secuencia Predeterminado:

Son los Flujos de Secuencia que tienen una *condición predeterminada* y se identifican por una marca en forma de escotilla al principio. El camino por este Flujo de Secuencia se elije si todas las *condiciones* de todos los demás Flujos de Secuencia de S*alida* (de un Gateway o Actividad) se evalúan como *falsas.*

Retraso:

En BPMN los retrasos se modelan con Eventos Intermedios Temporizados ubicados en el *flujo normal* del Proceso. Cuando el temporizador "se apaga" el Proceso puede continuar.

Downstream:

Se considera *downstream, d*esde el punto de vista de un elemento BPMN (por ejemplo, una Tarea), al resto de los elementos del camino que están conectados a través un Flujo de Secuencia y en la dirección en que se mueven los *tokens.*

Sub-Proceso Embebido:

Un Sub-Proceso *embebido* es de hecho parte del Proceso *padre*. No es reutilizable por otros procesos. Todos los "datos relevantes al proceso" utilizados en el Proceso *padre* pueden ser referenciados por el Sub-Proceso *embebido* (porque es una parte del *padre*).

Evento de Fin:

Un Evento de Fin indica donde termina un Proceso, o más específicamente donde termina un "camino" de un Proceso. Un Evento de Fin se representa con un círculo pequeño, de borde fino y línea simple. Existen ocho tipos diferentes de Eventos de Fin: Ninguno, Mensaje, Señal, Terminar, Error, Cancelar, Compensación, y Múltiple.

Error:

Un *error* se genera cuando se detecta un problema crítico en el procesamiento de una Actividad. Los *errores* pueden ser generados por un Evento de Fin o por las aplicaciones o sistemas involucrados en el trabajo (que son transparentes para el Proceso).

Evento:

Un Evento es algo que "sucede" durante el curso de un Proceso. Los Eventos afectan el flujo del Proceso y por lo general tienen un *disparador* o un *resultado*. Pueden iniciar, demorar, interrumpir, o terminar el flujo del Proceso (*lanzan* o *capturan*). Los tres tipos de Eventos son: Eventos de Inicio, Eventos Intermedios y Eventos de Fin.

Gateway de Eventos:

Los Gateway Exclusivos Basados en Eventos (o Gateway de Eventos) representan puntos de bifurcación donde la decisión se basa en dos o más Eventos que pueden suceder y no en las *condiciones* orientadas a datos (como en los Gateways Exclusivos).

Flujo de Excepción:

Flujo de Excepción es un flujo desde la salida de un Flujo de Secuencia desde un Evento Intermedio que está vinculado al borde de una Actividad, aún interrumpiendo el trabajo de dichas actividades

Gateway Exclusivo:

Gateways Exclusivos son ubicaciones en un proceso donde hay dos o más caminos alternativos. Basándose en las condiciones de salida, el

Gateway escogerá el camino de salida (el primero que sea evaluado con Verdadero).

Sub-Process Expandido:

Es un Sub-Proceso donde los bordes de la forma son extendidos para mostrar el nivel de detalle más bajo (es decir, el diagrama de flujo aparece dentro de la forma de la Actividad)

Objetos de Flujo:

Los *Objetos de Flujo* son los elementos que crean la estructura principal del flujo. Estos elementos son Actividades, Eventos y Gateways.

Gateway:

Gateways son elementos de modelado que controla el Flujo de Secuencia, mientras este diverge o converge en un proceso, es decir, representan los puntos de control para los caminos dentro del Proceso. Todos los Gateways se representan con una forma de diamante..

Objetos Go-To:

Los *Objetos Go-To* son pares de Eventos de Vínculo Intermedios que permintan al Flujo de Secuencia "saltar" desde un lugar a otro, aún sobre grandes distancias (de pantallas o páginas). El par de Eventos de Vínculo crean un Flujo de Secuencia *virtual*.

Grupo:

Un Grupo es un rectángulo punteado de esquinas redondeadas usado para enmarcar un grupo de objetos de flujo en orden de destacarlos y/o categorizarlos.

Gateway Inclusivo:

Los Gateways Inclusivos soportan decisiones donde más de una salida es posible. El marcador "O" identifica este tipo de Gateway.

Entrada:

Una *entrada* (*input*) es un Objeto de Datos o una *propiedad* del Proceso que se requiere para que una Actividad comience a procesarse. Los Objetos de Datos pueden ser mostrados como *entradas* por una Asociación directa donde ellos son el *origen* del conector.

Inputset:

Un *inputset* es una colección de *entradas* que son requeridas para que la Actividad comience a ser procesada. Una Actividad puede tener más de un *inputset*. El primero que esté completo (es decir, todas las *entradas* disponibles) disparará el inicio de la Actividad (por encima de cualquier otra restricción).

Instancia:

El inicio y ejecución de una Actividad es una *instancia* de la Actividad o Proceso. Para una Actividad, una nueva *instancia* es creada cuando un *token* llega a dicha Actividad.

Interacción:

En BPMN, una *interacción* es una comunicación, en la forma de un intercambio de *mensajes,* entre dos *participantes* de una *colaboración* o *coreografía*. La *interacción* puede involucrar uno o más *mensajes*.

Eventos Intermedios:

Un Evento Intermedio es un Evento que indica donde algo ocurre luego de que un proceso inició y antes de que finalice. Un Evento Intermedio es un pequeño círculo abierto con un borde delgado y doble. Hay nuevo tipos de Eventos Intermedios: Básico, Temporizador, Mensaje, Señal, Error, Cancelación, Compensación, Vínculo y Múltiple.

Carril:

Los carriles ("Lanes") crean una sub-partición para los objetos dentro de un Pool y usualmente representan roles de negocio internos al Proceso. Proveen un mecanismo genérico para distribuir los objetos dentro de un Pool basados en características de los elementos.

Bucles:

Hay dos tipos de *bucles* en BPMN. Las actividades individuales pueden tener características de bucles (tanto While como Until). Una *condición* asignada para la Actividad determina si la ejecución de la Actividad será repetida. Alternativamente, el Flujo de Secuencia puede conectar a un objeto *upstream* para crear un bucle en el flujo del Proceso.

Mensaje:

Un *mensaje* es una comunicación directa entre dos participantes del negocio. Los *Mensajes* son diferentes de las *señales* en que ellos son directos entre los *participantes* del Proceso, es decir operan entre los Pools.

Flujo de Mensaje:

El Flujo de Mensaje define los mensajes / comunicaciones entre dos *participantes* separados (mostrados como Pools) del diagrama. Son dibujados con una linea punteada que tiene un pequeño círculo vacío al inicio y un puntero vacío al final.

Actividades Multi-Instancia:

Estas son Actividades, ambas Tareas y Sub-Procesos, que son repetidas en base a un conjunto de datos (por ejemplo, el número de órdenes en una lista). La Actividad no hace un bucle, pero tiene un conjunto de instancias separadas, que pueden operar en paralelo o serialmente (una después de otra).

Flujo Normal:

El flujo de un *token* entre *objetos de flujo*, mientras operan normalnete, es conocido como el *flujo normal*. Ocasionalmente, sin embargo, una Actividad no operará normalmente. Puede ser interrumpida por un Error u otro Evento, y el flujo del *token* resultante se conoce como *flujo de excepción*.

Conector Off-Page:

Los conectores Off-page son pares de Eventos Intermedios de Vínculo usados para ubicar marcadores entre páginas impresas de un modelo. Los Eventos ayudan al lector del modelo a encontrar donde el Flujo de Secuencia termina en una página y reinicia en otra. Esto ayuda más cuando hay múltiples Flujos de Secuencia que exceden los límites de las páginas.

Orquestación:

Dentro de BPMN, los modelos de *orchestación* tienden a implicar una perspectiva de coordinación única – es decir, representan una vista del proceso específica del negocio o de la organización. Como tal, un Proceso de *orquestación* describe como una única entidad de negocio fluye entre los elementos.

Salida:

Una *salida (output)* es un Objeto de Datos o una *propiedad* del Proceso que es producida por una Atividad cuando ésta es completada. Los Objetos de Datos puede ser mostrados como *salidas* por una Asociación directa donde ellos están en el destino del *conector*.

Outputset:

Un *outputset* es una colección de *salidas* que son todas producidas por la Actividad cuando ésta es completada. Una Actividad puede tener más de un *outputset*. Solo uno de los *outputsets* es producido, pero la decisión de a cuál asignarlo es manejada por la ejecución de la Actividad y es transparente al Proceso.

Gateway Paralelo:

Un Gateway Paralelo inserta una bifurcación en el Proceso para crear dos o más caminos paralelos (hilos de ejecución). También puede unificar caminos paralelos. El marcador "+" es usado para identificar este tipo de Gateways.

Proceso Padre:

A Proceso *padre* es un Proceso que contiene un Sub-Proceso. La relación es desde el punto de vista del Sub-Proceso. El Sub-Proceso es un Proceso *hijo* del Proceso *padre*.

Participante:

Los Participantes definen un rol de negocio genérico, por ejemplo un comprador, vendedor, despachante o proveedor. Alternativamente, pueden representar una entidad de negocio específica, por ejemplo FedEx como empresa de transporte. Cada Pool puede representar solamente un *participante*.

Pool:

Un Pool actúa como un contenedor para un Proceso, cada uno representando un *participante* en un Diagrama de Proceso de Negocio.

Proceso:

Un Proceso en BPMN representa lo que una organización hace – su trabajo – en orden de alcanzar un propósito específico u objetivo. La mayoría de los procesos requerirán algún tipo de entrada (sea electrónica o física), usarán o consumirán recursos, y producirán algún tipo de salida (sea electrónica o física).

Sub-Proceso Reutilizable:

Un Sub-Proceso *reutilizable* es un proceso modelado separadamente que puede ser usado en múltiples contextos (por ejemplo, chequear el crédito de un cliente). Los datos relevantes del proceso ("process relevant data") del proceso *padre* que lo invoca, no están disponibles automáticamente para el Sub-Proceso. Cualquier dato debe ser transferido específicamente, ocasionalmente reformateados, entre el *padre* y Sub-Proceso *hijo*.

Flujo de Secuencia:

El Flujo de Secuencia conecta y ordena los *elementos de flujo* del Proceso (Actividades, Eventos y Gateways). Gráficamente, son líneas sólidas con puntas de flecha rellenas. Las variaciones de los Flujos de Secuencia incluyen los Flujos de Secuencia Condicionales y los Flujos de Secuencia Predeterminados.

Señales:

Una *señal* es análoga a una sirena; cualquier que la escucha puede, o no, reaccionar. Ellas especializan los Eventos de BPMN (Inicio, Intermedios y de Fin) para lanzar o detectar la *señal*.

Evento de Inicio:

Un Evento de Inicio muestra donde un Proceso puede comenzar. Un Evento de Inicio es un pequeño círculo abierto con una única línea delgada como borde. Hay seis tipos de Evento de Inicio: Básico, Temporizador, Mensaje, Señal, Condicional y Múltiple.

Sub-Proceso:

Un Sub-Proceso es una Actividad *compuesta* usadacuando el detalle del Proceso es partido en dos o más niveles (es decir, otro Proceso). Siendo así, una estructura "jerárquica" es posible mediante el uso de Sub-Procesos. Siendo una Actividad, se representan mediante un rectángulo de puntas redondeadas con un pequeño marcador "+" centrado en el extremo inferior de la forma.

Swimlanes:

Swimlanes ayuda a partir y ordenar las actividades en un diagrama. Hay dos tipos: Pools y Carriles.

Tareas:

Una Tarea es una Actividad *atómica* utilizada cuando el nivel de detalle del Proceso <u>no</u> es partido en más niveles (es decir, en el nivel más bajo de un Proceso). Siendo una Actividad, se representan mediante un rectángulo de puntas redondeadas.

Anotación de Texto:

Las Anotaciones de Texto proveen al modelador con la capacidad de agregar información descriptiva o notas sobre el Proceso o sus elementos.

Lanzar:

Refiere a los tipos de Eventos que inmediatamente producen un resultado (es decir, el envío de un *mensaje*). Todos los Eventos de Fin y algunos Eventos Intermedios son Eventos de *lanzar*.

Time-Out:

Un *time-out* es un Evento Intermedio Temporizador adjuntado al borde de una Actividad. Si el temporizador se activa antes de que la Actividad sea completada, entonces la Actividad es interrumpida.

Temporizador:

Un *temporizador* es un Evento Intermedio Temporizador usado como un *retraso* o *time-out*. El *temporizador* es establecido para una fecha y hora específicas o relativas.

Token:

Un *token* es un objeto "teórico" que hemos usado para crear una "simulación" descriptiva del comportamiento de los elementos de BPMN (no es actualmente una parte formal de la especificación BPMN). Los *Tokens* teóricamente se mueven a través del Flujo de Secuencia y pasan por los diferentes objetos del Proceso.

Proceso de Nivel más Alto:

Cualquier proceso que no tiene un Proceso *padre* es considerado un Proceso de Nivel más Alto, es decir, un Proceso que no es Sub-Proceso es un Proceso de Nivel más Alto

Transacción:

Una Transacción es una relación de negocios formal y un acuerdo entre dos o más *participantes*. Para que una transacción sea exitosa, todas las partes involucradas deben realizar sus Actividades y alcanzar el punto donde todas las partes acordaron. Si alguna de ellas no completa la ejecución, la Transacción cancela y todas las partes deben *deshacer* el trabajo que hayan completado.

Disparador:

Las circunstancias que causan que un Evento ocurra, tales como el arribo de un *mensaje* o la activación de un temporizador, son llamados *disparadores*.

Upstream:

Desde el punto de vista de un elemento BPMN (por ejemplo una Tarea), los otros elementos a los cuales está conectado mediante un camino del Flujo de Secuencia en la dirección en la que los *tokens* vienen, es considerado el *upstream*.

Traducción de términos de BPMN al español.

A continuación se presenta una lista de los términos de BPMN que han sido traducidos al español en esta edición, ordenados por su versión original en inglés. Términos que son similares pero con una distribución diferente de las palabras, no se incluyen en la tabla dado que no agregan valor.

Activity: Actividad

Artifact: Artefacto

Association: Asociación

Cancel Intermediate Event: Evento Intermedio de Cancelación

Catching Intermediate Events: Evento Intermedio de captura

Compensation Intermediate Event: Evento Intermedio de Compensación

Compensation: Compensación

Conditional Sequence Flow: Flujo de Secuencia Condicional

Conditional Start Event: Evento de Inicio Condicional

Data Flow: Flujo de datos

Data Object: Objeto de Datos

Default Sequence Flow: Flujo de Secuencia Predeterminado

End Event: Evento de Fin

Error End Event: Evento de Fin de Error

Error Intermediate Event: Evento Intermedio de Error

Group: Grupo

Hazard: Riesgo

Intermediate Event: Evento Intermedio

Lane: Carril

Link Intermediate Event: Evento Intermedio de Vínculo

Message End Event: Evento de Fin Mensaje

Message Events: Eventos de Mensaje

Message Flow: Flujo de Mensajes

None Intermediate Event: Evento Intermedio Básico

None Task type: tipo de Tarea Básico

Process: Proceso

Sequence Flow: Flujo de Secuencia

Signal Intermediate Event: Evento Intermedio de Señal

Signal Start Event: Evento de Inicio de Señal

Start Event: Evento de Inicio

Sub-Process: Sub-Proceso

Task: Tarea

Terminate End Event: Evento de Fin Terminador

Text Annotations: Anotaciones de Texto

Thread: Hilo de Ejecución (de un proceso)

Throwing Intermediate Events: Evento Intermedio de lanzamiento

Timer Intermediate Events: Eventos Intermedios Temporizador

Timer: Temporizador

Transaction Sub-Process: Sub-Proceso Transaccional

Ejercicios

Ejercicio 1

Cada mañana laborable, la base de datos se respalda y luego se verifica si la tabla "Cuentas Morosas" tiene nuevos registros. Si no se encuentran nuevos registros, entonces el proceso debe verificar el sistema de Atención al Cliente (CRM) para ver si se archivaron nuevas devoluciones. Si existen nuevas devoluciones entonces se deben registrar todas las cuentas y clientes morosos. Si los códigos de los clientes morosos no fueron previamente advertidos, entonces se debe producir otra tabla con las cuentas morosas y enviarla a la administración de cuentas. Todo esto debe completarse para las 2:30 pm, si no es así, entonces se debe enviar una alerta al supervisor. Una vez que se haya completado el nuevo reporte de cuentas morosas, se debe verificar el CRM para ver si las nuevas devoluciones fueron archivados. Si nuevas devoluciones fueron archivadas, se debe volver a conciliar con la tabla existente de cuentas morosas. Esto debe completarse para las 4:00 pm, en caso contrario se debe enviar un mensaje a un supervisor.

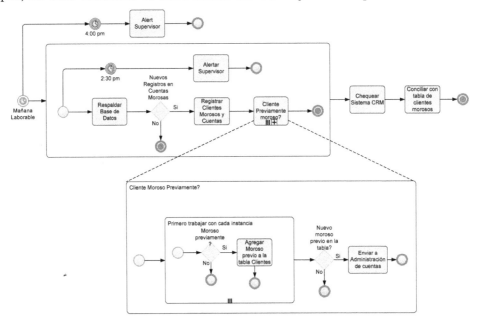

Esta solución reconoce que existe una diferencia entre lidiar con una actividad por lotes (respaldar la base) y lidiar con cada instancia que pregunta si existen morosos previos. Adicionalmente usa una serie de Eventos Intermedios Temporizador en paralelo y en combinación con Eventos de Fin Terminador para el envío de alertas.

Ejercicios

Ejercicio 2

El Representante de Servicio al Cliente envía una oferta de hipoteca al cliente y espera por una respuesta. Si el cliente llama o escribe rechazando la hipoteca, se actualizan los detalles del caso y se archiva el trabajo antes de la cancelarlo. Si el cliente devuelve los documentos de la oferta completos y adjunta todos los documentos requeridos, entonces se mueve el caso a administración para completarlo. Si no se proveen todos los documentos requeridos, entonces se genera un mensaje para el cliente solicitándole los documentos pendientes. Si no se recibe una respuesta luego de 2 semanas, se actualizan los detalles del caso antes de archivarlo y cancelarlo.[1]

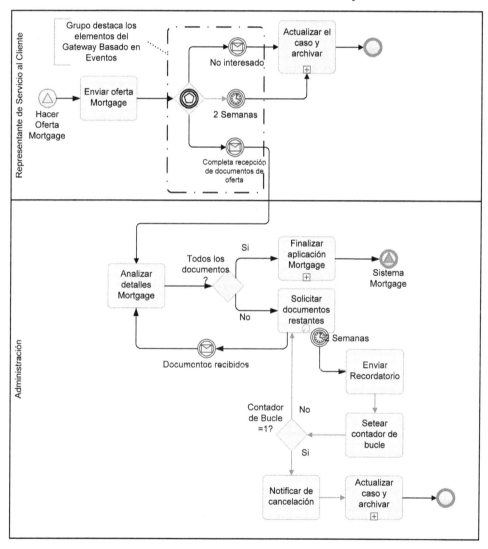

Un simple Gateway Basado en Eventos es el centro de esta solución.

---

[1] Notar que esta respuesta es ligeramente diferente a la publicada en el libro. Se señaló que la Compañía de Hipotecas no archivaría los datos en caso de que el Cliente no envíe los documentos faltantes.

Ejercicios

Ejercicio 3

En Noviembre de cada año, la Unidad de Coordinación en la Autoridad de Planificación de la Ciudad elabora un calendario de reuniones para el próximo año calendario y agrega fechas tentativas en todos los calendarios. El Oficial de Soporte verifica las fechas y sugiere modificaciones. La Unidad de Coordinación verifica nuevamente las fechas y busca potenciales conflictos. El calendario final de reuniones es enviado a todos los Miembros del Comité independientes, quienes verifican sus agendas y avisan a la Unidad de Coordinación de cualquier conflicto. Una vez que la Unidad de Coordinación estableció las fechas definitivas, el Oficial de Soporte actualiza todos los calendarios grupales y crea carpetas para cada reunión y se asegura que todos los documentos apropiados estén subidos en el sistema. Se avisa a los Miembros del Comité una semana antes de cada reunión de leer todos los documentos relacionados. Los Miembros del Comité tienen sus reuniones, y luego el Oficial de Soporte produce las minutas incluyendo los Puntos de Acción para cada Miembro del Comité. Dentro de 5 días hábiles la Unidad de Coordinación debe realizar una verificación QA sobre las minutas que le son enviadas a los Miembros del Comité. Luego el Oficial de Soporte actualiza todos los registros departamentales.

Este proceso es extremadamente complejo de modelar como uno solo, sin embargo, la solución es obvia y relativamente sencilla cuando se usan dos procesos. Notar el uso de Flujos de Mensajes para comunicarse entre Pools (Esto es porque los Miembros del Comité trabajan fuera de la Oficina de Planeamiento de la Ciudad).

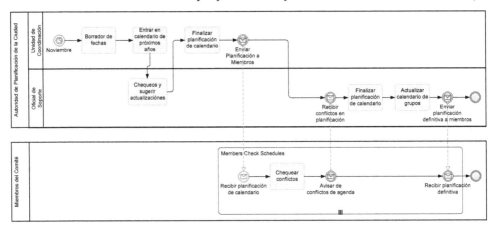

Parte I – Ejercicio 3

Observe que la Reunión se representa con un Grupo a través de los dos Pools. También usamos un Evento Intermedio Básico para representar a los Miembros del Comité esperando por las Minutas de Reunión. Notar que este Evento Intermedio no espera en realidad. Se ejecutará inmediatamente e irá para el Evento de Mensaje, que será el que espera finalmente.

Guía de Referencia y Modelado

Ejercicios

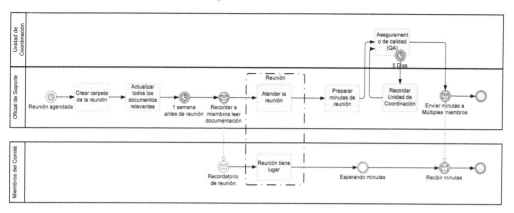

Parte II – Ejercicio 3

Guía de Referencia y Modelado

Ejercicio 4

Luego de recibido el Informe de Gastos, se debe crear una nueva cuenta si el empleado todavía no tiene una. El informa es entonces revisado para la aprobación automática. Montos por debajo de $200 se aprueban automáticamente, mientras que montos iguales o mayores a $200 requieren la aprobación de un supervisor.

En el caso de rechazo, el empleado debe recibir una notificación de rechazo por email. El reembolso va a la cuenta bancaria de depósito directo del empleado. Si el pedido no se completa en 7 días, entonces el empleado debe recibir un email de "aprobación en progreso".

Si el pedido no finaliza en 30 días, entonces el proceso para y el empleado recibe una notificación de cancelación por email y debe volver a presentar el Informe de Gastos.

Mientras que es posible mostrar los Carriles y crear un entorno de sistema automatizado, esta respuesta se adhiere al modelo de proceso central. Utiliza el Evento Intermedio Temporizador para crear una condición de carrera con el proceso central, que termina con un Evento de Fin Terminador para ganar la carrera.

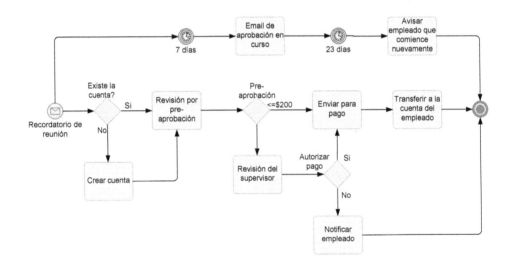

Ejercicios

Ejercicio 5

Luego de que empieza el Proceso se ejecuta una Tarea para localizar y distribuir todos los diseños existentes, tanto eléctricos como físicos. A continuación, el diseño de los sistemas eléctricos y físicos empieza en paralelo. Cualquier Diseño Eléctrico o Físico existente o anterior es entrada de ambas Actividades. El desarrollo de ambos diseños se interrumpe en el caso de una actualización exitosa del otro diseño. Si se interrumpe, entonces se para todo el trabajo que se esté realizando y el diseño debe reiniciarse.

En cada departamento (Diseño Eléctrico y Diseño Físico), se verifica cualquier diseño existente, resultando en un Plan de Actualización de sus respectivos diseños (es decir, uno en el Eléctrico y otro en el Físico). Utilizando el Plan de Actualización y el Borrador del Diseño Físico/Eléctrico, se crea una revisión del diseño. Una vez finalizada la revisión del diseño, se lo prueba. Si el diseño falla en las prueba, entonces se lo envía de vuelta a la primer Actividad (en el departamento) para examinarlo y crear un nuevo Plan de Actualización. Si el diseño pasa la prueba, entonces se le dice al otro departamento que tiene que reiniciar su trabajo.

Cuando ambos diseños han sido revisados, se combinan y prueban. Si el diseño combinado falla la prueba, entonces se los envía a ambos de vuelta al principio para iniciar otro ciclo de diseño. Si los diseños pasas la prueba, entonces se consideran completos y se los envía al Proceso de fabricación [un Proceso separado].

> *Aunque parezca que el ejemplo anterior nunca termina, de hecho, el primer Sub-Proceso que finalice exitosamente disparará el Evento de Fin Señal, antes de llegar al Gateway Paralelo Unificador. Ahí esperará hasta que el otro Sub-Proceso se termine. Mientras tanto el otro Sub-Proceso comenzará nuevamente antes de moverse hasta su propio Evento de Fin Señal. Aunque la Señal se dispara, el otro Sub-Proceso ya está terminado y no está en condición de "capturar" la Señal. Cuando ambos Sub-Procesos terminan exitosamente, el Proceso Padre pasa a probar el diseño combinado antes de enviar el trabajo de vuelta al inicio o terminar exitosamente. El vínculo al Proceso de Manufactura no se muestra – probablemente sería implementado mediante un Evento de Fin Señal o potencialmente un Evento de Fin Mensaje.*

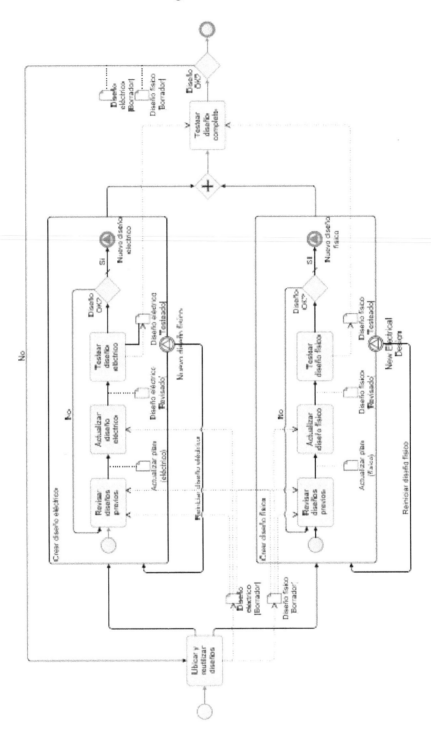

www.ingramcontent.com/pod-product-compliance
Lightning Source LLC
Chambersburg PA
CBHW080408060326
40689CB00019B/4170